韧性

不确定时代的精进法则

张晓萌 曹理达 著

中信出版集团 | 北京

图书在版编目（CIP）数据

韧性：不确定时代的精进法则 / 张晓萌，曹理达著 . -- 北京：中信出版社，2022.8（2024.4重印）
ISBN 978-7-5217-4515-3

Ⅰ.①韧… Ⅱ.①张…②曹… Ⅲ.①成功心理－通俗读物 Ⅳ.① B848.4-49

中国版本图书馆 CIP 数据核字（2022）第 115086 号

韧性——不确定时代的精进法则
著者： 张晓萌 曹理达
出版发行：中信出版集团股份有限公司
（北京市朝阳区东三环北路 27 号嘉铭中心 邮编 100020）
承印者： 河北鹏润印刷有限公司

开本：880mm×1230mm 1/32　印张：10.25　字数：221 千字
版次：2022 年 8 月第 1 版　印次：2024 年 4 月第 13 次印刷
书号：ISBN 978-7-5217-4515-3
定价：75.00 元

版权所有·侵权必究
如有印刷、装订问题，本公司负责调换。
服务热线：400-600-8099
投稿邮箱：author@citicpub.com

专家推荐

在全球百年未有之大变局下，不确定性已成为常态。在不确定性中寻找确定性，是企业领导者共有的焦虑与担当。因此，自新冠肺炎疫情暴发以来，"韧性领导力"就成为新的时代召唤。对绝大多数的中国企业家来说，"韧性"这一概念并不陌生，但是深究起来有很多似是而非的误读，对于提升韧性，也缺乏可靠易行的方法指引。晓萌教授在她的课程上，原创性地将韧性打造纳入个人的认知升维和终身发展的框架，将西方心理学、管理学、行为科学的前沿理论和研究发现与中国的传统文化渊源和中国企业家的经营实践有机融合。这门课程受到了长江商学院几千名在读企业家学员的认可与欢迎，值得一提的是，企业家是一群原本就拥有超高韧性的人，这足以证明"韧性"课程的魔力。我很欣喜看到《韧性》的出版，希望每位读者都开卷有益，在不确定性的磨砺中成长为高韧性的领导者，积极影响身边的人，从危机中受益，推动社会经济的快速复苏和强势反弹。

傅成玉　中国石油化工集团公司原董事长、党组书记

对改革之后迅速崛起的中国企业来说，当下无疑是一个非常艰难的时刻。我曾经营企业40年，历经种种艰难险阻，不断破局突围。我认为，要想把企业做到极致，卓越的企业家都应该是马拉松选手，既要有速度，也要有耐力。想让企业行稳致远，比"赢得了"更为重要的底层能力是"不怕输"，即能够走出逆境，越挫越勇，这就是"韧性"。我所提倡的"三精管理"，需要看得懂、可实操、有成效。个人层面的学习和提升，也需要一套易于理解、切实可行、效果可见的系统。晓萌教授的"韧性飞轮"模型里不仅有对理论和研究的深入梳理，还有原创工具和方法的巧妙融合，相信每个成长中的领导者，都能从中获益。

宋志平　中国上市公司协会会长

基业长青是许多创业者和CEO（首席执行官）的理想，但能够真正践行长期主义的企业少之又少。同样，能做到坚持、坚守、坚韧的个人更是少数，可见知易行难。坚持是必需的，但它需要勇气，需要智慧，更需要时间的考验，不仅包括突如其来的大起大落，还包括在平凡日子里的久久为功。人的自我改变和升华是最难的。如何在长期奋斗中学习、创新、突破和超越自己？晓萌教授这本书的独到之处在于将韧性的历练落实于日常和当下，转化成每天触手可及的微小习惯，积小赢，成大胜。由此，持之以

恒不再是一成不变的苦熬，而是做乐观主义者，做深入的思考者，做积极的实践者，做持久的奋斗者。

张文中 物美集团创始人、多点 DMALL 董事长

我常常被认为是一个有韧性的人，新东方一直以来在积极探索并转型，也被认为是一个有韧性的企业。韧性是什么？英文是 resilience，《简明牛津词典》的解释是 resuming its original shape（恢复原状），或者指人 readily recovering from shock, depression etc（从打击绝望中快速恢复），也就是指一样东西、一个人、一个组织从压力、挫折中复原的能力，或者说愈挫愈勇的能力。这种能力对于一个人或者组织的成功和发展有着非凡的意义。那它是怎样产生的？我们又应该如何获得这样的能力？晓萌教授的这本《韧性》给出了最好的回答。全书以"韧性"为核心，从觉察、意义、连接三个方面，讲述了一个人和组织多维度认识韧性并训练韧性的过程，其中提供的方法论具有很强的实操性。也许你不能一次全部学会，但只要有意识地不断训练，你就能够成为一个高韧性的人，由此开启你的人生幸福之旅。

俞敏洪 新东方教育集团创始人

面对纷繁复杂、飞速发展的现代社会，怎样建立良好的自我认知是每个人都要面对的重要问题。大脑是我们形成自我意识、成为万物之灵的中枢。从脑科学研究者的角度看，"解码"大脑的工作原理，进而揭示人们行为背后的神经作用机制，攻克长期困扰

人类的精神疾病和心理问题，是令人心生向往又考验重重的艰巨历程。尤其是在每个人都面临多重心理挑战的当下，怎样积极应对挑战，提升自身的韧性已成为关乎身心健康乃至社会经济复苏的重要课题，需要跨学科、跨领域学者的共创与协作。晓萌教授在长期的研究和教学中提炼出的"韧性飞轮"模型，结合了脑科学、管理学和心理学的前沿研究、经典理论和方法工具，为我们在日常生活中持续打造心理动能提供了可实操的路径。基于"神经可塑性"原理，我相信行动具有改变认知的力量，期待更多读者走上向内探索的旅程，开启"韧性"成长。

仇子龙 中国科学院脑科学与智能技术卓越创新中心高级研究员

目录

引言　逆光中的箚骫疙瘩　　IX

第一部分　飞轮中心：韧性

第 1 章　何为韧性，何以坚韧

另一场心理疫情　005
韧性的定义　013
"韧性飞轮"模型　020

第 2 章　提升韧性的阻力和原力

温水煮青蛙　026
人们为什么会选择放弃　029
有关"掌控感"的经典研究　033
持续小赢　041

第二部分　韧性飞轮之觉察

第 3 章　元认知——对认知的认知
打开你的套娃　051
解码焦虑：进化的遗产　058
惊喜背后的秘密　070
多巴胺的迷思　074

第 4 章　你为何经历这一切
归因模式　087
思维重塑　100
记录的力量　109

第 5 章　在正念冥想中重新遇见
走出至暗时刻　119
专注当下的力量　125
意识与觉察　132
承诺的自由　137
释放与全然接受　139
现时此刻　149

第三部分　韧性飞轮之意义

第 6 章　专注的热爱
意义源自热爱——找寻自己的 π　159

激活积极体验　165
深化与植入　175

第7章　意义树：连贯目标体系

热爱四象限　193
意义树　203
"反思弹窗"与"意义体检"　215

第四部分　韧性飞轮之连接

第8章　在关系中提升韧性

人的社会性　237
信任并非感觉　243
沟通中的积极回应　248
自利并利他　255

第9章　韧性：从个人到组织

组织韧性的核心　268
打造人才韧性的五大痛点　271
组织韧性的打造　275

第10章　写在最后："觉察—意义—连接"的统合

致谢　293
参考文献　295

引言　逆光中的笤帚疙瘩

一缕阳光从破旧阴暗的平房的那扇窄小的窗户中射到冰冷的、坑洼不平的地面上。在逆光中，笤帚碰击地面激起的灰尘群魔乱舞般地飞扬着。蜷缩在角落里的小女孩被吓得尖叫着大哭。我没想到的是，多年之后我还会再次"遇见"那个小女孩。

清晨，又到了要出门上"幼儿园"的时间。一个不满三岁的小女孩，双膝着地，跪坐在走廊的水泥地上，死命地扒着家里的门框。门框上除了小女孩最爱的猫磨爪子时留下的一道道长长的抓痕，就是她的手印。

姥姥没能明白为什么每天外孙女回到家里就会破涕而笑，和姥姥、姥爷沉浸在欢声笑语中，用银铃般的嗓音唱着歌入睡，而为了以抵抗去"幼儿园"，每天清晨都会死命抱住她能抱住的一切东西：姥姥的腿、门口的树、电线杆……。姥姥以为每个小朋友都不喜欢去幼儿园，却不知道小女孩的"幼儿园"里有一个老奶奶模样的怪兽。

　　小女孩每天躲在自己的"安全城堡"里,那是"幼儿园"里由一个四方桌、一个置物高架子和一个墙角构成的狭小空间。姥姥一走,怪兽老奶奶就会露出狰狞的面孔,操起笤帚疙瘩,抓住小女孩的一只脚,一边把她从桌子底下拖出来,一边用笤帚头往里捅。小女孩撕心裂肺地哭着,而怪兽老奶奶每天只重复一句话:"你不哭我就不打你,你要再哭我就一直打你。"而后,笤帚头随着无法停止的哭声落在身体各处。怪兽老奶奶有魔力,因为她总是能很有分寸地不留伤痕,让小女孩没法回家"告状"。"不到三岁的孩子能告什么状,即便你告状了,又有谁会信呢?"想必怪兽老奶奶是这样想的,所以打完小女孩,她往往心情很好。

　　而下一个清晨,一切还会重演……

　　这个小女孩其实就是我。小时候,父母都在遥远的南方当兵,我和姥姥、姥爷一起生活。姥姥和姥爷给了我童年最温暖的疼爱,但那时他们还没到退休年龄,所以每个工作日的白天,他们不得不把我送到一个别人介绍的奶奶家让她帮忙照顾,跟我说是去上"幼儿园"。在上学前很长的一段时间里,怪兽老奶奶都是我噩梦的主角,后来这段黑暗的童年记忆被我封存了很久。按照心理学中童年创伤的分析路径,我的早期经历完全可以让我的人生沿着这样的方向进行:童年被虐待—安全感丧失—低自尊—自暴自弃。而我的人生、我的研究、我追逐的生命意义,不是按照这样的走向发展的。多年后,当我专注于行为学、心理学和心理韧性研究时,我勇敢地触碰了这段记忆,用好奇、仁爱、积极的态度面对并接纳了它。无论经历过什么样的挫折和低谷，就像奥地利著名心理学家维克多·弗兰克尔说的那样，"人们一直拥有在任何环境中选择自己的态度和行为方式的自由"。

在你的一生中，有过几次这样的至暗时刻？为什么你没有被击倒？你凭借什么度过了这些逆境？

从读博士开始，我在美国和中国从事了 20 年的研究和授课工作，接触了数以千计的企业家，他们来学习的首要诉求就是：让企业在剧烈波动的市场环境中穿越周期，基业长青。我一直在思考，是一种什么样的力量，让他们在各种逆境中依旧坚韧不拔地勇往直前。在对若干企业家进行访谈的过程中，我发现：这些企业家并不是因为商业上的成功而成就了自我，恰恰相反，他们首先成就了自我，然后这个不断成长的自我令他们在商业领域中绽放光彩。因此，当把这些叱咤风云的企业家还原为"人"的本质时，答案便逐渐清晰——韧性的力量。在人生的起起落落中，韧性对每个人来说，无论年龄、职业和身份如何，都是我们持续从不确定性中受益，一生向上生长的力量。

2019 年，麦家的作品让一句闽南方言人尽皆知——"人生海海"，它是对人生的感叹，意思是人生像大海一样茫然，总是起起落落，有很多不确定因素。从 2019 年年底开始，全人类都被新冠肺炎疫情拖入了不确定性的深海。疫情不仅给人们的生命健康造成威胁，还带来了一系列影响：生活方式的改变，旅行和探亲受阻，业务和工作发生重大变化等。可以说，疫情让每个人的韧性都直接或间接地遭遇挑战。不仅如此，由战争、空难、自然灾害、经济下滑等一系列因素引起的心理涟漪效应[1]给人们的内心带来巨大的惊慌、焦虑、茫然和沮丧。面对层层打击，每个人都需要内在的力量帮助我们在空前的不确定性中不断前行。

2015年，我从美国回到中国，在长江商学院全职任教，本书的主要框架源自我在长江商学院的课程——"韧性的打造：认知迭代与行为延展"。每年我的课程会有千余名来自不同项目的企业家和高管学员参与，这些学员无疑是拥有卓越能力的精英，但同时，他们在经历创业的艰辛和商海的浮沉时，也承受着超常的压力和考验，可以说是高韧性金字塔塔尖的人群。他们在开课前面对"韧性"这个概念，有时会不以为然。从我的教学经历来看，也确实有不少人在课堂上流露出了疑惑的神情，还有一部分企业家学员把韧性等同于大碗的高浓度心灵鸡汤。然而每次课程结束后，我能看到学员眼中有光，可以真正地敞开心扉，很多人还在朋友圈发布或者私信我他们可爱的"韧性小作业"，身体力行地进行自我改变。更有学员围在我身边，希望得到允许，把课堂中的一系列测评、工具包和专门为课程设计的韧性手册分享给自己的下属、同事、家人和朋友。线下授课覆盖的人群是有限的，因此很多长江商学院的企业家学员多次建议我把课程内容整理成书，让更多人从中受益。这就是本书的缘起。

从开始有写书的想法，到本书最终成型，用时一年多。在长江商学院，"韧性的打造"是一门互动性非常强的课程，为了更

---

[1] "涟漪效应"也称为"模仿效应"，是由美国教育心理学家雅各布·库宁提出的，指一群人看到有人破坏规则，而未见对这种不良行为的及时处理，就会模仿破坏规则的行为。如果破坏规则的人是人群中的领导者，那么波及人群的效应就更加严重。

有针对性地进行个性化教学，我会在课前和课上对大家进行多次测评，整个课程形式是富媒体的：我将小组深入讨论和分享、观看视频、聆听音乐、互动练习融为一体。转化成书籍之后，很多内容并不适合以图文的方式展开，因此本书绝不能是课程内容的简单记录。传播学者麦克卢汉曾说过："媒介即信息。"媒介的形式本身就决定了内容。我和我的团队决定跳出课程内容的桎梏，重新整理全书的框架，拓展并查阅了大量经典的和最新的文献，结合自主研究的发现和我的亲身经历，提出了"韧性飞轮"模型。全书围绕该模型展开，共分成4个部分。

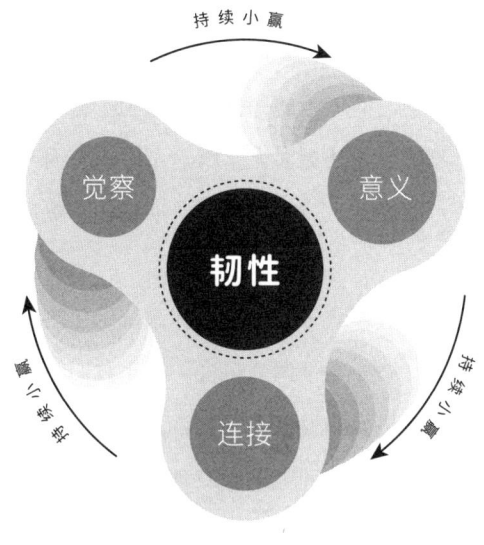

"韧性飞轮"模型

本书的第一部分是韧性飞轮的核心——"韧性"。第1章以"战疫同行"作为切入点，这项系列调研覆盖了自2020年2月新冠肺炎疫情暴发以来为期两年多的心理韧性研究，根据其结果和过往的韧性研究来阐述心理韧性的概念、心理韧性的作用，以及韧性飞轮模型的构成。第2章将探究提升心理韧性的阻力，介绍构建心理韧性的理论基础和相关研究，并向大家介绍突破阻碍的行动利器——"持续小赢"。

从第二部分开始，本书将逐个介绍韧性飞轮的三个"叶片"——觉察、意义和连接。在第二部分"觉察"中，第3章和第4章引入了"元认知"的概念，将带领大家开启一场对自己内心的觉察之旅：解码人类积极和消极情绪的根源，并呈现两个觉察训练的神奇力量——思维重塑和记录。在第5章中，我会分享自己十余年对冥想的践行，并以亲身经历为线索，展现正念冥想如何从博大精深的信仰传统的一部分，成为一种科学的觉察练习，也希望通过自己的故事让更多人了解这个看似玄而又玄但融入我们日常生活的一项修行。"道不远人"，期待能有更多的人因此受到启发。

本书的第三部分聚焦于连贯性目标系统的建立，即韧性飞轮的"意义"叶片。第6章强调"热爱"对于我们终身成长和韧性提升的价值，并对热爱的发掘和深化给出具体的指引。在第7章中，根据对经典的时间管理理论和工具的回顾，我们研创出"热爱四象限"和"意义树"行为导图。在这一部分，三个不同角度的真实案例将为大家展示"意义体检"如何帮助我们建立高度整合且一致的目标系统，以及可视化的工具"反思弹窗"如何让我们发现那些"对不齐"的目标和行为背后的隐秘宝藏。

第四部分是韧性飞轮的最后一个叶片——连接。作为社会化的人，我们在关系中强化自我认知和目标系统。大量研究表明，高质量的关系与人们的幸福感和健康高度相关。第 8 章将探讨如何与他人构建信任，并着重分析利他对韧性提升的作用。在第 9 章，我们根据个人韧性的模型框架，并基于对 70 多万字访谈和研究记录的梳理，将对组织在建立人才韧性[①]过程中遇到的共性问题进行提炼总结，并为打造组织韧性提供建议，也为韧性研究拓宽更多可能性。韧性飞轮的三个叶片相辅相成、相互促进。第 10 章是韧性之旅的终点站，也是个人韧性飞轮的开启，将回顾全书的要点，你将找到自己的初始动力，从而转动飞轮，一往无前。

决定策划并撰写本书之前，我有两个顾虑，除了上文提到的形式上的全新转换，从研究严谨性的角度来说，我希望我们的数据可以积累更长时间，做更多干预实验，让研究发现更具证伪性。但经过反复斟酌和讨论，我的同事和研究团队的小伙伴们说服了我：这本书可以是一个不完美的起点，我们尝试着以书为载体，探索更多互动性和陪伴式练习的可能性，在此过程中追踪读者的体验和反馈，从而不断进行迭代，逐步完善。这正如韧性的打造过程，在持续性的小赢中不断前进。本书中讲述的韧性工具以及各种练习是非常有科学性的，并且得到了充分的验证。更有趣的是，其中不少工具和练习我自己也持续实践了十多年的时间。也

[①] 人才韧性是指员工处理某些影响工作的问题的能力大小。高韧性人才除了具备心理韧性，还能够在工作场景中有效应对意外事件，对工作环境的不利因素做出迅速反应。

正是在这些系统性工具的带领下，我再次"遇见"那个曾经蜷缩在角落里哭泣的小女孩，直面那段封存已久的记忆。在多年的实践中，我关怀并复原了自己，也点亮了身边的很多企业家学员和朋友。因此，那个曾经的小女孩欢迎并衷心感谢你，一起踏上这场打造韧性的旅程吧！

张晓萌

第一部分

飞轮中心：韧性

看到"韧性"两个字，你会想到什么人或者事物？你会觉得韧性是一种你渴望具备的能力吗？在第 1 章中，我们将一起探究韧性到底是什么，我们为什么需要韧性，以及提高韧性的认知和行为框架——"韧性飞轮"。在第 2 章中，我们会直面提升韧性的阻力，理解韧性的反面——放弃心理和行为背后的产生机制。我们将开启一场跨越半个多世纪的时光之旅，去看看韧性如何发展成为心理学的一个重要研究领域，理解"持续小赢"为什么是提升韧性的关键行动原则。韧性是飞轮模型的中心，深入其中我们才能明白三个叶片将会和韧性产生怎样的联动。

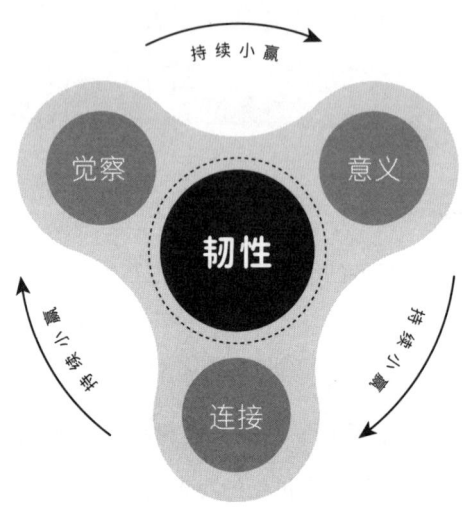

图 I-1 第一部分飞轮图

第 1 章　何为韧性，何以坚韧

> 每个人有两次生命，当你意识到生命只有一次的那一刻，第二次生命就开始了。
>
> 　　　　　　　　　　　　　　　　　　　　　　　　　　佚名

另一场心理疫情

在我们身处的时代，甚至是我们的往后余生，2020 年都将成为一个不平常的起点。有人戏称世纪沿用下来的纪年将从公元前和公元后变成前疫情时代和后疫情时代。[1]

在新冠肺炎疫情大暴发前夕，你最深刻的记忆是什么？让我记忆犹新的是 2020 年春节之前我最后一次出差，我和研究团队一起在深圳做企业调研，那家企业的一把手是一位非常虔诚的佛教徒。在企业调研完成后，刚好赶上她的上师从西藏回到深圳。

我个人虽然没有宗教信仰,但任何多维度的思想碰撞总是能极大地激发我的兴趣。于是,那天下午我们有幸和上师就人们非常关心的一个世纪经典问题——"什么是幸福,怎样才能幸福"进行了将近4个小时的闭门交流。上师从他多年佛法修行的角度,而我从研习行为学和心理学的角度,进行了诸多讨论,令我受益匪浅。让我印象最为深刻的是上师最后总结的一句话,只有当人们真正发自内心去相信并接受这样一个事实的时候,才能对幸福有更深的领悟和感受,这个事实就是:无常即恒常。

那次出差回北京一周后,武汉封城,新冠肺炎疫情在全国范围内暴发。时间一晃,如今疫情已经在全球蔓延了两年多的时间,不确定性已成为新的常态,与疫情长期共存是我们不得不面对并接受的事实。在两年多的起伏不定中,我们从每天关注新冠肺炎病例数的惊心动魄,逐渐过渡到对数字的麻木倦怠。当下一个非常值得我们每个人反思的问题是:你的心理状态在这场持久战中真的经受住考验了吗?

研究显示,类似2001年"9·11"事件、2003年中国非典这样的灾难性事件,会对事件的亲历者造成较大的心理影响,持续时间要远远长于我们的预期。[2] 研究者根据多年的数据,追踪了当时亲历"9·11"事件的36 000多名纽约市民,以及当时参加救援的消防人员和救护人员的心理状态变化。结果表明,即便在"9·11"事件发生后的数年中,亲历者创伤后应激障碍[①]

---

① 创伤后应激障碍,是指个体经历、目睹或遭受创伤性事件后(比如战争、交通事故、家庭暴力、实际死亡、严重受伤或其他生命威胁)所导致的个体延迟出现和持续存在的精神和行为障碍。

的患病率依然高达14%，抑郁症的患病率达到15%。而在没有重大灾难性事件发生的前提下，正常人群的患病率为5%~6%。[3]由此可见，重大灾难性事件对亲历者心理影响的持久性不容忽视。

新冠肺炎疫情给全世界各国人民带来了普遍的心理影响。美国人口普查局的数据显示[4]，截至2020年12月，超过42%的美国民众出现明显的焦虑和抑郁倾向，相比2019年的11%有显著增长。[5]美国心理学会在2020年10月发布的报告中指出，美国正在经历由新冠肺炎疫情带来的严重心理危机，其影响将持续到未来数年之后。[6]类似的情况在英国也有体现。相较于2019年7月—2020年3月10%的占比，英国民众出现焦虑和抑郁症状的人群占比在2020年6月飙升至19%。问题不仅发生在欧美国家，全球各国的类似数据比比皆是。2021年1月，《自然-人类行为》杂志对日本自杀率进行了研究，对比全球自杀率，日本在2020年7—10月的自杀率上涨了16%，以女性和青少年尤为明显，日本女性的自杀率在半年内上升了36%，而青少年自杀率的增长达到49%。[7]纵观全球，权威医学学术期刊《柳叶刀·精神病学》在2021年4月刊发的文章显示，牛津大学的研究人员梳理了超过23.6万名新冠肺炎患者的电子健康记录，发现约有1/3的患者在感染后的6个月内出现了心理健康问题或者精神系统疾病。[8]随后，《柳叶刀》于2021年10月刊发了首个新冠肺炎疫情对心理健康影响的全球性研究。这项覆盖204个国家和地区、223 421个受试者的研究显示，2020年全球新增了5 300万例抑郁症病例（同比2019年增长28%）和7 600万例焦虑障碍病例（同比 2019 年增长 26%）。[9]

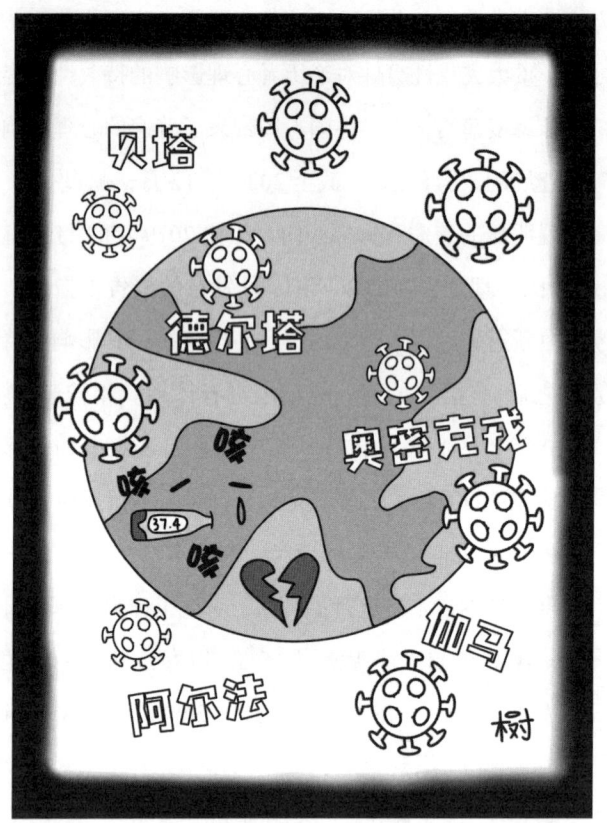

图 1-1　新冠抑郁地球

聚焦到中国，由首都医科大学、武汉金银潭医院、中国医学科学院、中日友好医院联合组成的研究团队对武汉金银潭医院的 1 276 名新冠肺炎患者在康复出院后的 6 个月和 12 个月的身体与心理状态进行了跟踪对比调研，结果显示：部分康复者在发病一年后仍然存在至少一项异常症状，包括疲劳或肌肉无力（20%）、睡眠困难（17%）、关节疼痛（12%）、脱发（11%）等。康复者出院一年后的健康状况相比出院 6 个月后有明显改善，但仍未恢复至基线健康水平[①]。值得一提的是，更多的患者出现焦虑或者抑郁的症状。出院 6 个月后约有 23% 的患者出现了抑郁和焦虑问题，到 12 个月后，这一占比升至 26%。[10] 除感染者以外，新冠肺炎疫情引起的中国公众的长期心理问题同样值得关注。北京大学陆林院士团队的研究显示：在疫情开始前基线检查无症状的人群中，有 1/4 的人出现了心理健康问题，而在有心理健康问题的人群中，有 7/10 的受试者出现持续的精神健康症状。在疫情防控进入常态化阶段，心理疾病的易感人群更加广泛，包括新冠肺炎患者的家庭成员、有隔离经历的人群、有新冠肺炎职业暴露风险的人群、生活在疫情大规模暴发地区的人群，以及复工后工作负担大幅增加的人群等。

作为长江商学院教授，我带领研究团队在疫情暴发期（2020 年 2—3 月）、疫情持续期（2020 年 7—12 月）和疫情平稳期（2021 年 1—12 月），对企业家学员的心理状态组织问卷调研[②]。企业家和高管作为大众认知中心理韧性、抗压力和自我调节能力较高的群体，他们的心理状态对于我们理解疫情带来的心理冲击具有一定的启发意义。

[①] 基线健康水平，指的是在该研究开始前受试者展现出的健康水平。基线是进行实验处理前的时间界限。
[②] 问卷调研主题为"复工前后企业家及员工心理复原力的打造"，深入了解不同行业、不同类型、不同规模的企业管理者和员工当前的心理状态和复原力水平。在线问卷发放对象主要为长江商学院高层管理教育（EE）、长江商学院工商管理博士（DBA）、高级管理人员工商管理硕士（EMBA）、金融管理硕士（FMBA）企业家学员，往届校友及其企业员工，采取匿名形式。同时，问卷链接通过长江商学院公众号和自媒体矩阵面向公众开放。调研自 2020 年 2 月 26 日至 2020 年 2 月 29 日截止，三天时间共收集到有效问卷 5 835 份，共计 507 732 条数据。

如图 1-2 所示，随着疫情的不断发展，相较于疫情暴发期，企业管理者在 2020 年下半年的整体轻度焦虑、中度焦虑和较重焦虑倾向占比都显著增高。进入 2021 年，如图 1-3 所示，企业管理者的整体焦虑度和抑郁度的平均值虽然有所回落，但依旧明

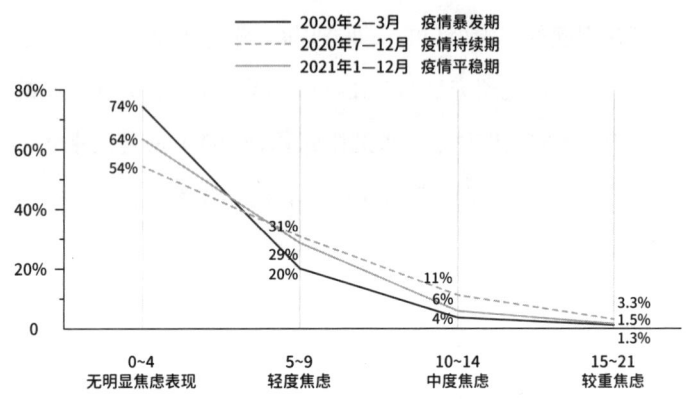

图 1-2　不同时期企业管理者焦虑行为倾向跟踪分析

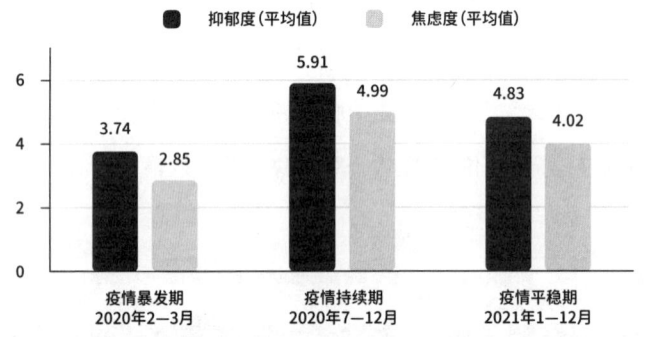

图 1-3　不同时期企业管理者抑郁度与焦虑度对比分析

注：需要注意的是，调研数据仅仅显示焦虑和抑郁行为倾向，并非实际患病值。三个不同时期的调查人群样本是从不同企业的管理者中随机抽取的。

显高于疫情刚暴发时的平均水平，这与人们对未来不可预知事件的可控性的高低有直接关系。持续两年多的疫情给人们的心理带来了明显的疲惫感和倦怠感。《纽约时报》发布的一项研究将数字背后衍生出来的心理疲惫感称为"大流行倦怠"，并把2021年的主导情绪定义为"languishing（颓废）"[11]，这与国内网络流行概念"躺平"有异曲同工之妙（见图1-4）。但"languishing"更精准地描述了一种心理状态：因感到非常无聊而陷入成长危机和意义危机，因此"languishing"代表了"颓丧"。深受"颓丧"侵扰的人们过着一种平静又绝望的生活。他们很难兴奋，但精力尚未耗尽，每天处于停滞不前、仿佛被掏空的低落状态。

图1-4　languishing（颓丧）

为了更好地理解"languishing"，这里需要引入心理健康连续体（MHC）的概念。它将人们的心理健康状态分为心理繁荣、心理健康、颓丧和心理不健康4个区间。其中心理繁荣是比心理健康更加积极的一种状态，意味着个体在大多数情况下能够体验到积极的情绪、心理功能和社会功能。[12]常常被人们忽视的"颓丧"状态介于心理健康与心理不健康（指被诊断出各种心理疾病）之间。换言之，没有心理疾病并不直接意味着心理就处于健康状态。即便没有精疲力竭，你也有可能挣扎于煎熬中。研究表明，在未来10年内最有可能经历严重抑郁症和焦虑症的人群，并不是当下已有这些症状的人，而恰恰是这些苦苦挣扎于"颓丧"状态的人。[13]与此相关，2021年经济领域出现的新现象——大离职潮也给企业和员工带来了巨大的压力。自2021年7月以来，美国的辞职人数创历史新高，平均每个月有400万人以上辞职，甚至在9月达到440万的历史峰值。根据美国劳工部发布的职位空缺劳动力流动调查报告，2022年1月有近430万人辞职，这一水平已经接近2021年9月创下的纪录。[14]2021年第三季度，近40万英国人在递交辞职信后跳槽，创下历史最高水平。

在疫情长期持续的背景下，全球都更加关注人们的心理健康。根据市场研究机构（Research and Markets）的报告，由于新冠肺炎疫情对全球经济的冲击，2020年全球抗抑郁药物市场总销售额从2019年的143亿美元猛增至286亿美元，2021年这一数字回落至158.7亿美元，预计到2025年将增至212.8亿美元，年复合增长率达7.6%。世界卫生组织的预测显示，到2030年抑郁症将比癌症、中风、心脏病、战争或意外事故引发更多的过早死亡和多年残疾。因此，每个人都需要进行心理状态的修复和治愈，如同提高免疫力来对抗病毒一样，心理免疫力的提升刻不容缓。我们越来越意识到强大的心理能力的重要性，这种心理上抗打击和恢复的能力就是心理韧性。疫情虽然已经延续了两年多的时间，但相较于我们每个人漫长的一生，它只是一个片段，也只是我们需要面对的各种不同逆境中的一种。对于人生，虽然我们最希望的是无风无浪、平安顺遂，但人生的本质并不是一帆风顺。现实就像大海，时而疾风骤雨，时而安宁如镜，起落才是常态，我们要做的就是当风浪来临时仍能乘风破浪。因此，心理韧性的打造，不仅是我们战胜疫情和逆境的必备武器，更是人生持久精进的动能所在。

韧性的定义

对很多人来说，韧性是一个既熟悉又陌生的概念。从常识和经验的角度出发，我们会觉得韧性和坚毅、毅力、坚韧、柔韧等品格有一定的相关性。实际上，在学术领域，韧性已经成了心理学体系中发展迅速的研究领域。韧性（resilience）原本出自物理学的概念，表示材料在塑性变形和破裂过程中吸收能量的能力。韧性越好，发生脆性断裂的可能性越小。在材料科学及冶金学中，韧性是指材料受到使其发生形变的外力时对折断的抵抗能力，其定义为材料在断裂前所能吸收的能量与体积的比值。"resilience"

的常见中文翻译有"韧性""恢复力""复原力""弹性",本书中统一使用"韧性"这一术语。

美国心理学会将心理韧性定义为"个人面对逆境、创伤、悲剧、威胁或其他重大压力的良好适应过程,即对困难经历的反弹能力"。[15] 20世纪60年代,对人们日常生活的研究主要有两大主流派系:一个流派关注的是社会问题(比如种族歧视、贫穷等)对大众健康的影响,另一个流派则关注人们日常的生活方式(比如抽烟、酗酒、药物滥用等)对公众健康的影响。而韧性的重要作用就是在这两大研究流派的互相碰撞中脱颖而出的。

提到逆境,我们会很自然地关注早期经历对儿童产生的影响。当代心理学对韧性的系统性研究源自诺曼·加梅齐。[16] 加梅齐是明尼苏达大学荣休教授,他的研究尤为关注处于劣势地位的儿童,比如在极度贫困的家庭中长大的儿童、城市中的黑人儿童,或是父母双方都患有严重精神类疾病的儿童。加梅齐的研究结果显示,尽管这些孩子在恶劣的环境中成长,但其中有一定比例的儿童在成长过程中或者在成年后从未患上过任何类型的精神疾病,反而在遇到各种挫折和困难时展现出超出平均水平的乐观心态与极度强大的抗挫能力。

对儿童期经历的研究,是心理学的一个主要研究领域。假设有一个孩子出生在一个贫穷的家庭,童年期间经受了很多苦难,他长大以后会变成什么样?一种可能是,这个孩子会就此沉沦,在心里埋下仇视社会的种子。还有另一种可能,"穷人的孩子早当家",他会早熟、懂事,长大之后上演草根逆袭的传奇。对于两种截然不同的结局，心理学似乎都给出了合理的解释。但当我们无法改变外界客观条件时，我们更希望让孩子拥有后一种结局。

根据哈佛大学儿童发展中心的研究，儿童心理韧性的形成，可以用平衡板来做类比，帮助我们更为直观地理解经历和韧性的关系。[17]平衡板的右边代表着各种正面经历带来的积极正面的结果，左边代表的是各种负向经历带给我们的消极体验和负面的结果。要想得到更多的正面结果，可以积累更多的积极经历，也可以通过挪动支点的位置去提升应对逆境的能力。值得注意的是，正面和负面的体验对于打造人们的心理韧性都至关重要。支点的初始位置和每个人的基因、生长环境、乐观或者悲观的解释风格①等息息相关，但支点的位置在人的一生中会不断移动。随着时间的推移，积极和消极的生活经历的不断积累，以及应对逆境的技能的提升，人们整体的身心素质会得到提高，从而有能力将支点移向负面经历这端。从杠杆原理的角度我们不难理解，支点越靠近负面经历这端，平衡板的这一端越难压下来，我们就越能够控制逆境对我们的负面影响。

对成年人来说，由于根深蒂固的思维定式和惯性习惯，移动支点的难度相对于童年时期会变大，因此持续的干预和改变是韧性提升的重点。我们提升心理韧性的目标是汲取更多的积极影响，减少负面经历带来的消极影响。随着心理韧性的提升，个人从逆境中恢复的速度会更快，同时能够收获更多的积极体验，并将两

---

① 解释风格是指个体如何向自己解释生活中发生的事件的心理属性。解释可以是积极的，也可以是消极的，最终会对个人的人格产生深远的影响。

种体验都转化为促进个人心智成熟的不竭动能。

在了解了韧性的定义之后，深入地理解这个概念需要从韧性的特性出发。

韧性不止于"减负"。大量过往的文献和我们的研究都发现，韧性越高的人，越能够快速从负面情绪中走出来，恢复到平和与积极的状态。但韧性绝不仅仅是负面情绪的调节器。人们心理状态的构成和变化机制非常复杂，因此不能用二分法简单地把心理状态分成"健康"和"不健康"或"积极"和"消极"，也不能把良好的心理健康理解为没有或少有负面情绪。一个高韧性的人是一个整合的个体，是一个有高度协调能力的人，是一个能和压力共处的人。高韧性人群同样会有很强烈的消极情绪，但是他们拥有更加强大的调节能力让消极情绪释放、舒缓并消解，同时他们也能够自我激发和深化更多的积极体验，不仅能自我减压，还能享受快乐。从这个角度来看，韧性像是我们心理层面的免疫力，不仅帮助我们从疾病中恢复，也为我们的健康保驾护航。

韧性不止于"归零"。在遭遇挫折之后，人的状态大致分为三种，我们可以用坠落的鸡蛋、纸团和乒乓球来做比喻。坠落的鸡蛋是最脆弱的，掉到地上就碎了，全无恢复的可能；纸团从高处落到地面并不会受损，而是仍保持原状，但也就此"躺平"；乒乓球被摔向地面后，反而会弹得更高。在不利事件面前，我们都不希望自己的状态是碎成一摊的鸡蛋，至少要成为纸团，最好是像乒乓球那样越挫越勇。心理学中有一个概念叫"创伤后成长"[18]，与创伤后应激障碍相对应。如前文所述，在经历过重大创伤的很多年后，一些亲历者会一直活在阴影之中无法走出来，但是也有不少人从艰难中站起来，收获了重生般的生命体验。

韧性不止于"品格"。坚韧、坚毅、毅力在我们的文化中一直受到褒扬，每个人都能列举出诸多历史人物和英雄楷模的故事。当下，各领域杰出人士的传奇经历可能会让我们见贤思齐，但是其中有关韧性的部分并不讨喜，我们更愿意关注那些外显出来的风光无限的能力，而韧性往往被看作一种边缘特质。作为一种心理潜质，韧性有它的怪异之处：一个人的韧性高低是不能随意评判的，只有当人们经历过重大挫折回过头来复盘这段经历的时候，才有资格评判自己韧性的高低。因此逆境同时也是心理韧性最好的试炼场。换言之，逆境既是对心理韧性的检验，也是最重要的磨砺，这意味着韧性的提升在一定程度上离不开"吃苦"，而人都是趋利避害的。大量的心理学研究和我在长江商学院的教学研究经验表明，个人职业的成就、满意度和忠诚度都与韧性密不可分。韧性根植于我们的传统文化，在大多数人眼中，韧性并没有被看作一种天赋，而是可以通过后天训练来提升，但是对于提升韧性，人们也有很多迷思，因此我们首先需要进行"祛魅"。

提升韧性不等于死扛，而是主动地应对。对已经步入职场的成年人来说，我们更想要那些能够助力我们顺风顺水、平步青云的能力，比如"领导力""决策力""沟通力"，而"韧性"和大众提到的"抗压力""抗造""耐撕"一样，似乎和人生中的不幸与挫折相关，却与核心能力相去甚远，甚至有的人还会不屑地说："不就是忍，不就是死扛吗？时间会治愈一切。"然而，研究告诉我们，打造韧性不是被动地等待，让时间冲淡一切，而是人们从逆境中快速恢复，主动利用自己的可用资源，向内重拾信念，向外寻求社会支持的过程。同时，在日常生活中，在看似无风无浪的日子里，我们都需要持续不断地进行韧性训练，只有这样，我们才能够从容地应对未来可能发生的极端情境，从不确定性中获益。

提升韧性不等于吃苦，而是科学地"寻乐"。苦难对于人的磨砺，在古代经典故事中就早有描述。我们熟知的有"艰难困苦，玉汝于成"，"欲成大业，必有痛失"，"天将降大任于斯人也，必先苦其心志……"。在日常生活中，我们也常常听到"吃得苦中苦，方得人上人"，"宝剑锋从磨砺出，梅花香自苦寒来"的表述。然而对于韧性的打造，"大道理"并不足以指导实践，特别是在大量"成功学""鸡汤文"充斥着媒体的当下。以往的大量文献和自主研究的结果显示：盲目吃苦不仅不能提高心理韧性，反而容易导致负面情绪，使得心理资本[①]衰竭，甚至成为心理问题的根源。因此，心理韧性的打造不但不是自找苦吃，反而是要"寻乐"，积累更多积极的体验。具有韧性的人不仅能够让自己在遭遇逆境时从负值反弹回零度，以确保在不利事件或灾难中不受伤，更为重要的是，他们能迅速恢复正确的心智认知，使自身达到一种积极向上的心理状态。由此而言，韧性的打造是激发我们个人成长和发展的能量之源。

---

① 心理资本，是指个体在成长和发展过程中表现出来的一种积极心理状态，是超越人力资本和社会资本的一种核心心理要素，是促进个人成长和绩效提升的心理资源。

提升韧性不等于习惯养成，而是系统地改变认知和行为。 很多有追求的职场人士都希望养成良好的习惯，比如健康饮食、持续阅读、定期锻炼、早起等。认知和行为的改变并非一日之功，我自己也有多项坚持了十余年的习惯，令我持续获益。在本书中梳理出来的有关提升韧性的思维模型和工具包中你会发现，韧性的提升是一个系统性工程。某个或某几个单一习惯的养成尽管能够让我们获益，但是如果我们没能建立起系统性的框架，不同的习惯就如同各自发力的部件，很容易造成效率的损耗和目标的失焦。我们常说"绳锯木断，水滴石穿"，能有这样的变化，在于连贯性目标的恒定，如果多个微小的习惯不能形成合力，其结果就会是要么难以坚持，要么在坚持中流于形式，为坚持而坚持。

更重要的是，认知和行为的改变是相辅相成的关系，在没有想清楚某个行为习惯的底层逻辑时，行动上的一味坚持往往会适得其反。就像沃顿商学院组织行为学教授亚当·格兰特在《重新思考：知道你不知道的东西的力量》一书中论述的那样，坚韧不拔的人更容易深陷险境，并且更愿意在注定失败的任务中坚持到底。[19] 研究结果进一步表明，坚毅的登山者更有可能在探险中丧生，因为他们下定决心不惜一切代价到达顶峰。英勇的坚持和愚蠢的固执之间有时只有一线之隔。因此，行为改变离不开认知改变，提升韧性和认知升维是相辅相成的。尽管提升韧性可以从单一习惯切入，但是我们需要保持对系统性机制的觉知，这样才能让"韧性飞轮"持续转动，在人生的航程上行稳致远。

提升韧性不等于自修，而是在关系连接中共同精进。 我们往往容易将从痛苦中恢复、身心灵的修炼看成纯粹个人的事情。很多企业家每年会选择到与世隔绝的地方进行闭关修炼。当然，远离尘世的纷扰确实能够激发人们新的感悟和思考，但是韧性的提升绝不仅限于个人心理层面的自修。人有很强的社会属性，我们一天中主要的时间都是在与他人无处不在的互动关系中度过的。在后疫情时代，人们热切地盼望着经济生活尽快恢复和回弹，韧性的提升不应是少数人的修炼。在关系连接中提升韧性是必经过程，也是韧性从个人传导给他人和组织的价值所在。高韧性的领导者不仅要不断提升自我，也要持续激励他人、培养团队，从而共同精进。从这个意义上说，一个高韧性的组织必然是一个高凝聚力的组织，一个高韧性的人也会让其身边的家人、朋友、同事等受到积极的影响。

"韧性飞轮"模型

心理韧性的打造是一个系统性的行动，是长期、有意识的认知和行为的改变。尽管每个人都会受到基因、成长经历、身体状况等一系列因素的影响，造成各自韧性水平的差异，但从成长型思维的角度看，心理韧性的提升是持续一生的历程，每个人都可以在科学框架的辅助下，不断地自我精进，促进心智成熟，并激励和影响周围的人。

就像企业家在为企业寻找基业长青的"飞轮"一样，每个人都希望开启自己的人生"飞轮"。根据管理大师吉姆·柯林斯的"飞轮效应"概念，我们提出了个人"韧性飞轮"模型。该飞轮以韧性为轴心，三个重要的"叶片"分别是觉察、意义和连接（见图I-1）。其中"觉察"指的是自我意识层面的综合认知，即个人与自己的关系，包括对自身心理状态、归因模式等可见和不可见特性的认知、觉察和改变；"意义"指的是个人与世界的关系，包括对自身目标体系（意义树）的梳理，发掘、培养和深化专注的"热爱"等；"连接"则是指个人与他人的关系，包括对社会性的认识、沟通、信任和利他等多个方面，侧重于在关系中与他人共同提升韧性。

让韧性飞轮转动起来的动力来自行动，这种行动叫作"持续小赢"，强调在日常生活中不断积累小的成功，积少成多，滴水穿石。无论是深化自我觉察、探寻意义，还是加强与他人的连接，都离不开持续小赢的行动。与此同时，觉察、意义和连接是相互关联的：自我的觉察有助于意义的探究，而意义的探究也会促进觉察的深化，洞见更深层的自我；自我的觉察离不开与他人的连接，他人的视角有助于我们跳出认知的盲区，排除各种偏见的干扰，多维度地认知自我；同样，意义的发掘也需要与他人共振，"独行快，众行远"，他人在我们的人生目标设定和热爱发掘中扮演着至关重要的角色。由此，飞轮的三个叶片共同联动且相互促进，这意味着无论从哪个环节进入，只要使用正确的方法助推，每个要素的精进都会启动韧性飞轮的一个叶片，同时让其他两个叶片也转动起来。三个叶片之间形成无缝协同，共同助推韧性的持续精进。

　　韧性飞轮模型可以理解为我们终身成长的动能系统。我们通过梳理经典理论，提炼最新研究成果，以及萃取自主研究成果，提出了认知和行为改变的一系列观点和方法。韧性飞轮模型是在过去多年研究的基础上和在课程设计的过程中不断完善和迭代的结果。其框架并不是一个固化的指南，而是一个动态的系统，包含理论和工具包，让你可以根据自己的航向和节奏自行选择和组合，设计出属于自己的定制化韧性飞轮。在我看来，心理韧性的打造和健身训练有相似之处，都需要长期的系统性规划，都需要按照自身状况选择、坚持、调整、再坚持。在这个过程中，我们也许会遇到各种意外，阻碍计划的有序实施。当任何不利事件发生时，我们只需记得"无常即恒常"，然后抱着平和、开放的心态，用科学的方法动态应对，突破自我，通过一个又一个阶段性小赢目标的达成，最终拥有健康和充满活力的心智。让自己的韧性飞轮转起来，在这个系统化工程中，哪怕只是一个小小的认知改变和习惯养成，也会积累成巨大的能量，成就更好的自己。

韧性认知

▶ 心理韧性不仅能帮助个体应对危机，也是终身成长的不竭动能。

▶ 心理韧性的打造不等于盲目吃苦，而是要激发和深化更多的积极体验，走向丰饶的人生。
- 每个人都会受到基因、成长经历、身体状况等一系列因素的影响，每个人都可以在科学框架的辅助下，不断地自我精进，促进心智成熟并激励和影响周围的人。
- 提升韧性不等于习惯养成，而是系统地改变认知和行为，每个人都能启动自己的"韧性飞轮"。

韧性练习

1. 测测自己的心理韧性水平（请扫描下方二维码进行测评）。

图 1-6　心理韧性测评二维码

2. 请试着回答表 1-1 中的问题并记录你的答案，梳理自己对韧性的理解。

表 1-1　韧性思考

韧性思考	阅读本书前 你的回答	阅读完本书后 你的回答
你认为人们为什么要提升韧性		
你倾向于认为韧性是一种天赋 还是可以后天培养的		
你在什么情况下希望拥有更强的韧性		
哪个人物或角色在你眼中 是高韧性的代表		
你认为韧性对于实现人生目标 发挥了怎样的作用		
你认为提升韧性需要多长时间 你计划投入多少时间和精力 去提升自己的心理韧性		
你希望从"韧性飞轮"模型中获得什么		
你认为韧性的打造会给你的人生 带来什么变化		

*当你写下每个问题的答案时，思考一下自己在目前阶段对于打造韧性的理解和期望是什么样的。不做任何判断或者深入的解析，带着好奇开放的心态去阅读接下来的每一章节，去探索韧性飞轮中每一个叶片的潜在含义，去尝试韧性工具包中的不同方法。在你阅读完此书后，再回来反思上述问题，感受一下你的答案是否会发生改变。

第 2 章 提升韧性的阻力和原力

> 涓滴之水终可磨损大石,不是由于它力量强大,而是由于昼夜不舍的滴坠。
>
> 贝多芬

在第 1 章中,我们了解了何为韧性,厘清了人们对韧性的错误认知,并通过韧性飞轮模型,对提升韧性所需的认知和行为的改变有了初步的认识。通过调研结果我们看到,韧性是一项稀缺的品质,尽管随着职级和年龄的提升,韧性整体呈上升趋势,但哪怕在企业家人群中,持续的高韧性仍然是少数人拥有的一种特质。过往的生活经历也告诉我们,在同样的逆境中,能够始终坚持不放弃的人依旧为数不多。本章要回答一个问题:为什么人们会选择放弃?这背后的心理机制是什么?不放弃有时候并不是最佳方案,也可能是我们掉进了自己的思维定式陷阱,到底什么样的思维和行动模式对韧性的提升才是有益的?

温水煮青蛙

今年新年,你许下了哪些愿望?这些愿望和去年的愿望有区别吗?日复一日,年复一年,我们的人生单向行驶,时间一去不回。你会不会有这样的感叹——似乎自己在岁月中只是徒增了年龄,其他并无二致?日本作家村上春树曾写道:"我一直以为人是慢慢变老的,其实不是,人是一瞬间变老的。人变老不是从第一道皱纹、第一根白发开始,而是从放弃自己的那一刻开始。"[1] 我在参与企业调研时,和很多负责人力资源的高管进行过交流,他们表示,在面试中,一些看似背景非常资深的候选人,和工作经历只有一两年的新人并无太大区别。有人曾这样犀利地总结道:"他不是有20年的工作经验,只不过有一年的工作经验,重复了20年而已。"佛教的一位上师也有类似的说法:"很多人一生中只活过一天,余生只不过是在重复这一天。"

"温水煮青蛙",我们也许会很自然地想到这个描述。这是一个众所周知的故事:如果把青蛙放在滚烫的热水中,它马上就会跳出来;但如果是放在温水中,逐渐提高温度,青蛙就会渐渐适应直到被煮死。我们就此认为,青蛙不会反思自己的状况,意识不到生命受到了威胁,直到为时已晚。在这里,我们并不是要危言耸听地强化"舒适区"的威胁,引发你的焦虑,而是要告诉你:我们的思维定式是无比强大的。因为,"温水煮青蛙"的假设是错的。

反复验证的科学实验早已推翻了刻在我们头脑中的对"温水

煮青蛙"根深蒂固的认知。真实的实验结果是，当青蛙被扔进滚烫的水中，其腿部会被严重烫伤，青蛙有逃出去的可能，但更有可能发生的是青蛙因严重的烫伤而动弹不得，就此死掉。[2] 而在温水中青蛙的"表现"更好：当温度上升到让它不舒服时，青蛙马上就会跳出来，反而不会太费力气就活了下来。没有调查就没有发言权，我们想象中对青蛙致命的"适应性"其实并不存在。但是对我们人类来说，这种对思维定式的"适应性"是更大的威胁。因此，应该重新评估危险的并不是青蛙，而是我们。人们一旦对听来的故事信以为真，就不再质疑。这似乎是一个意味深长的反讽：我们用一个错误的故事来揭示不改变的风险，这个故事本身反而揭示了我们对惯性的依赖。

近十年来，无论是在管理学和心理学界，还是在公共政策、职场讨论或者媒体报道中，"人的终身学习和成长"越来越受到关注和提倡。然而让人挫败的是，个人的积极改变，哪怕只是养成一个小的习惯，都并非易事。如果把每个人的成长驱动力都比作一个飞轮，我相信不少人的飞轮已经在离开学校之后逐渐减速乃至锈蚀停滞了，所以再度启动需要很大的初始动力。与之相比，另一些人的飞轮似乎在高速转动，他们看上去很忙碌，自我感觉很充实，但可能在原地打转，或者驶往错误的方向。因为思维定式的存在，"破旧"往往比"立新"更加艰难。

温水煮青蛙的故事非常形象地解释了为什么打造心理韧性是一个艰难的过程。韧性的基础是丰富的生活经历，而经历本身是一把双刃剑。一方面，正面经历和负面经历的积累能够帮助我们不断发展应对逆境的技巧和能力；另一方面，经历也会让我们更有依赖性。波士顿市哈佛医学院成人发展研究中心主任乔治·瓦利恩特经过60年的研究发现，随着阅历的增长，有些人的复原力会越来越强。但与此同时，我们不能忽视这样一个事实，经历也可能成为路径依赖的惯性杀手。具有高韧性的人并不是因为逆境本身，而是因为具备有效处理逆境的能力并掌握正确的方式才变得强大。其中，成长型心态便是心理韧性的关键因素。如果我们能够从自己所面临的境遇和曾经犯过的错误中汲取经验教训，随时学习并进行调整，那么我们不仅能在遭遇逆境后快速复原，还能从逆境中获得新的认知。

宾夕法尼亚大学心理学教授安杰拉·达克沃思对2 000名高中生进行了成长型心态的研究。她发现，具有成长型心态的学生的坚韧程度要显著高于那些持有固定心态的学生。学生的坚韧程度与他们的学习成绩和能否坚持读完大学均成正相关关系。成长型心态与坚韧度并肩而行的结论不仅体现在学生群体中，在企业家、艺术家、运动员等不同职业人群中都已得到充分的验证。[3]但在现实中，很多人的内心深处藏着一个拥有固定心态的悲观主义者，他时不时会跳出来对成长型心态指手画脚，最典型的表现就是把改变挂在嘴上，高谈阔论，而不会付诸任何实际行动。如果我们不能够对自己的思维定式进行反思和改进，就会永远生活在既定的节奏中，这就是很多人的人生陷入"循环播放"模式，从而放弃改变、无法成长的原因。

人们为什么会选择放弃

心理学和社会科学领域长期存在着先天决定论和后天养成论之争。从经验来看,一定程度上我们把人的心理状态部分归因于天性使然,比如人们常说的"天性乐观""生性敏感"。在命运的冲击面前,一方面我们承认个人的主观能动性——"我命由我不由天",但在战争、疫情、地震等巨大灾难面前,我们不得不正视个人的渺小——"时代的一粒灰,落在个人就是一座山"。当逆境反复出现时,为何有些人表现出来的是坚韧不拔的意志,能够做到不断破局,有些人却被无力感裹挟,陷入无助的状态,甚至最终选择放弃?为了理解两者的本质区别,我们要追溯到被美国心理学会评为"20世纪的里程碑理论"的经典实验:习得性无助实验(见图2-1)。

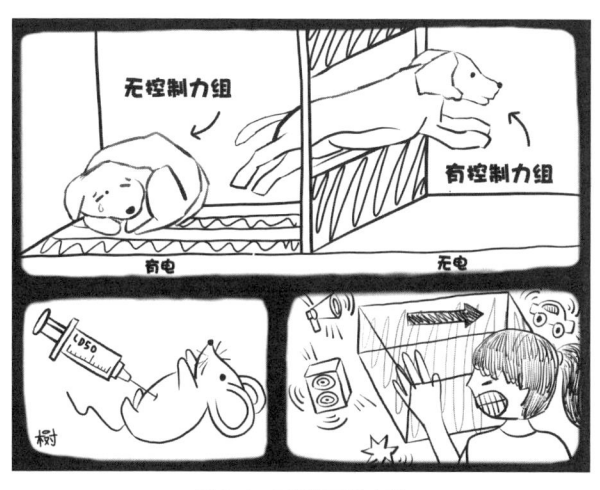

图 2-1 习得性无助实验

行为心理学家马丁·塞利格曼教授被称为"积极心理学之父"。自 1965 年开始，塞利格曼和史蒂文·梅尔在美国进行了一系列具有划时代意义的实验，这些实验成为支持其理论的重要研究依据。首先，他们进行了一项三元实验。该实验的受试对象为 24 只杂交犬，它们被分成三组，每组 8 只，第一组是"有控制力的可逃脱组"，第二组是"无控制力的不可逃脱组"，第三组是"无束缚的对照组"。前两组的狗都被单独放在实验装置中并被套上"狗套"（狗的活动会大大受限），但并不是完全不可移动。接下来，第一组和第二组的受试狗将遭受无法预测的电击。电击的强度并不足以给狗带来身体上的伤害，却会让受试狗承受很大的痛苦。在整个实验的 90 分钟内，前两组狗所承受的电击强度与次数（64 次）均相同。但不同的是，"有控制力的可逃脱组"的受试狗可以通过自己的努力逃避电击，在遭受电击时，它们只需用鼻子去触碰墙上的一个按钮板，电击就会即刻停止；"无控制力的不可逃脱组"的受试狗却没有这样的按钮板，无论它们如何挣扎，只能一直承受电击。在此环节中，出于对比目的，在对照组中的 8 只受试狗不会遭受任何电击。

实验的关键阶段是在电击的预设环节结束之后，实验人员把三组狗依次放入一个"穿梭箱"，这次所有狗都没有任何束缚装置。穿梭箱被中间的一个隔挡分成两半，隔挡的一侧会有电流通过，而另一侧是安全区域。挡板被设置成受试狗可以一跃而过的高度。穿梭箱通电一侧装有一盏灯，在灯光熄灭的 10 秒钟后，电流将通过穿梭箱通电一侧的底部。如果受试狗能够在 10 秒钟内跳过隔挡，它便能逃脱电击；如果受试狗没有跳过隔挡，要么一直遭受电击，要么熬到60秒后电击结束。三组狗都要在穿梭箱中经历10次电击实验。在这轮电击中，可逃脱组和对照组的狗没有明显的差异，它们在穿梭箱通电后，都快速跳过挡板逃脱。而不可逃脱组的8只狗，有6只狗在9次甚至10次电击中都没能跳过隔挡，一直忍受60秒的电击。7天后，这6只狗被带入穿梭箱内进行重复实验，其中的5只狗在10次电击中没有一次成功逃脱。

根据实验结果，塞利格曼提出了基于"习得性无助"的个人控制理论，其核心是"掌控感"和"无助感"这一对概念。导致受试狗发生放弃行为的并不是电流本身，而是对电击的不可控性，也就是掌控感的缺失。可逃脱组的狗并没有在穿梭箱中放弃努力，是因为它们在第一阶段的实验中习得了对电流的控制，因此在第二阶段遭受电击时会选择用自主的行为去改变命运。而不可逃脱组的狗在第一轮电击中逐渐失去掌控感，导致了习得性无助。塞利格曼认为，在实验中狗对控制的认知是从经验中习得的，一旦经过多次尝试但仍然失败，它们对某种情境和对象的控制努力就会停止，并且将这种放弃心理泛化到其他的情境中，尽管它们在新环境中是有控制力的。

在以上实验的基础上，塞利格曼的学生麦德隆·维森泰纳升级了习得性无助实验，采用电击老鼠的方式，探究掌控感对健康的直接影响，并将成果发表于1982年的《科学》杂志上。根据三元实验原则，"有控制力"的第一组老鼠受到64次轻度但可以逃脱的痛苦电击,"无控制力"的第二组老鼠受到同等程度、同等次数但无法逃脱的电击,而第三组的老鼠用于对照,没有接受电击。和狗的习得性无助实验不同的是,所有老鼠在实验的前一天被注射了具有50%致死率的肿瘤细胞。在没有外界刺激的前提下,这样的注射量会使得50%的老鼠患上癌症,而剩余一半老鼠的自身免疫系统可以将癌细胞杀死,使其不受伤害。30天后,第三组老鼠的死亡率恰好是50%,无控制力的第二组老鼠由于无法逃避电击,死亡率高达75%,有控制力的第一组老鼠的死亡率只有25%左右。升级版的习得性无助实验告诉我们:长期处于失控的状态对于我们身心的影响都是巨大的,而掌控感的习得可以有效促进健康。

习得性无助现象并不是动物的专属。俄勒冈州立大学的研究生裕人在1971年首次将习得性无助实验应用于人类。[4]在实验第一阶段,受试者进入噪声很大的房间并被告知,只要把摆在面前的一排按键用正确的排列组合方式按下,令人难以忍受的噪声就会停止。在同等噪声量的房间里,可控组和无助组的区别在于,摆在可控组面前的按键能够停止噪声,但无助组的按键是无论如何按都不起作用的。在实验第二阶段,研究者让每一位受试者把手放在一个"穿梭箱"中。当他们的手在穿梭箱的一端时,房间就会发出很大的噪声,而仅需把手向另一端移动10厘米的距离,噪声就会立刻停止。来自可控组和对照组的受试者(他们在实验第一阶段没有受到过噪声的干扰)均会以非常快的速度学会通过移动手的位置来控制噪声的停止。但对无助组来说,发生在狗和老鼠身上的情况在人的身上再现了。来自无助组的受试者只是无奈地坐在那里，不做任何尝试，直到噪声自己停止。第一阶段的实验令他们习得了无助感，内化成了做什么都没有用的想法，因此他们直接选择了放弃，而不会主动尝试去停止噪声。

上述一系列习得性无助实验，解释了为什么很多人在面临人生挑战或者逆境时会选择中途退出或放弃。这种退出或放弃的行为源自"无论怎么努力都于事无补"的经验，当这种经验不断重复，以至固化为思维定式时，人们便会预期在未来新的情境中，自身的行为依旧是无效的，从而选择放弃。相应地，获得掌控感则是改变放弃行为、提升韧性的关键。当然，对于外在事物、情境和其他人的掌控是一把"双刃剑"。对掌控的过度追求会带来新的问题，比如焦虑（第3章将做详细阐述）。个人控制理论对"掌控感"的定义是：你觉得自己对于不利事件的掌控有多少？我们需要注意，这里的关键词是"觉得"。在绝大多数情况下，我们在某个特定情形中的实际掌控力是很难被准确测量的，因此你是否感觉到自己拥有掌控力即"掌控感"就变得尤为重要。

有关"掌控感"的经典研究

个人控制理论揭示出了一项心理机制：人们对于掌控感怀有某种激情。在研究了被人们称为好的事物和体验，并探讨了它们到底好在哪里之后，我们发现，它们之所以被称为好，是因为这些事物和体验能让我们感觉到快乐和幸福。在过去若干年中，针对人们对于"掌控感"的渴求，心理学和行为学的研究者在不同环境背景下做了各种各样的实验。

养老院中的植物和探访者。1976年，心理学家埃伦·兰格教授和她耶鲁大学的学生朱迪思·罗丁，在美国康涅狄格州的一家养老院里开展了一项实验，探究决策和责任对老人的影响。[5]其中47位老人为实验组，44位老人为对照组。研究人员鼓励实验组的老人对生活有更多自主权，包括选择接待探访者的地点，决定是否要看电影，以及何时观看。这些老人还能选择是否养植物，并选择一盆自己喜欢的植物在房间自主照料，自己决定何时浇水、浇多少水，可以挪动花盆的位置，选择给植物晒太阳或是放到阴凉处。对照组的老人则被告知，护理人员会帮忙照顾这些花草，所以他们无须亲自动手。研究者不鼓励对照组的老人自己做决定，而是让护理人员全权负责他们的生活。

这项实验持续了三周，在实验开始前和结束后，研究者分别对两组老人的行为和情绪进行了测评。结果发现，实验组的老人在自我报告中更为快乐、更有活力。护理人员（对老人的分组并不知情）的评估结果显示：实验组93%的老人整体状况有积极变化，而对照组的这一比例只有21%。实验结束18个月后，兰格教授和罗丁再度回到养老院，他们在对老人的行为和情绪进行追踪测评后发现，尽管在实验开始时两组老人的健康水平是相同的，但在过去的18个月中，实验组（有控制力组）老人的死亡率为15%，而对照组（无控制力组）老人的死亡率是实验组老人的两倍，高达30%。这一结果让兰格教授和罗丁非常震惊，但经过仔细对比和核查后，两人得出结论：掌控感给老人生活带来的变化似乎对延长寿命有所作用。结合其他早期研究，学者认为，对类似养老院老人这样被迫失去自我决策权和控制力的人，如果能够给予他们更强的自我责任感，他们的生活态度将会更加积极，生活质量也会提高，这就是掌控感的积极作用。

无独有偶，1976年理查德·舒尔茨在另一项有关养老院的研究中发现了类似的结论。[6] 研究者让养老院中的老人在大学生探访期间有程度不等的自主权。那些被随机分在高控制组的老人，可以自行决定大学生来探访的时间、次数和时长，而被随机分在低控制组的老人只能被动地等待大学生探访者的光临。相比低控制组，高控制组老人在实验结束后个人状态有明显提升，变得更加快乐、健康和积极，而且更少接受治疗，这与兰格教授和罗丁的研究相当一致。然而，又过了几个月后，完全出乎研究者意料的戏剧般的结果出现了：随着研究的结束，大学生不再继续拜访老人，相对于对照组，有控制力的实验组老人反而衰老得更快。研究团队惊讶地发现，实验组的老人一旦失去这种曾经被外在赋予的掌控感，他们的死亡率要远远高于对照组的老人！

因此，掌控感的缺失导致心理韧性的丧失，外在环境只是一部分诱因，内在的失控往往是习得的。这样的结果没有在兰格的实验中出现，原因可能是对日常生活决策的控制力已经被培养出来了，能够持续地产生积极的结果。一系列后续研究的结果清楚表明：人拥有的控制力越多，老年化的过程就越快乐、健康、平稳。无论是不是受到上述实验的启发，现在很多国家的养老机构都意识到了这一点。在中国，应对老龄化的政策中特别强调了"老有所为"，不断鼓励老年人自主选择，给予其更多的机会和资源，提高他们的掌控感。

安全按钮实验。[7]在以上实验中，无论是绿色植物，还是大学生探访者，都与受试者有着真实的互动。实际上，人们的掌控感甚至还可以来自"控制错觉"。实验人员招募了一批受试者，他们要按照要求执行一项需要专注力的任务——文字校对，在安静、专注的状态下，绝大多数受试者都能发现文字错误。但在校对的过程中，实验人员给受试者不定时播放令人烦躁的巨大噪声，不少受试者由于受到噪声的干扰出现注意力不集中、心烦意乱的情况，以及一些体征反应，比如心跳加快、流汗等，从而严重影响了他们的校对表现，还有一些受试者甚至选择了放弃任务。为了降低他们的焦虑程度，提高掌控感，研究者在后续的实验中为每一个受试者提供了一个"按钮"，告诉他们：如果噪声变得让人心烦，可以按一下按钮，噪声会立刻停止。果然，在第二阶段的实验中，受试者的校对工作表现大幅提升，安全按钮大大降低了他们的焦虑程度，使他们变得平静。但有趣的现象是：在实验过程中，没有受试者真正按下了按钮。仅仅是知晓"按钮"的存在已经给受试者带来了一种实实在在的掌控感，即"我能控制噪声"。

事实上，实验中的"按钮"是假的，它只是一个没有任何操控功能的"摆设"。由此研究者得出结论：噪声的消失并不是令受试者减轻焦虑的真正原因，知道自己可以随时按下按钮停止噪声的掌控感才是真正原因。哪怕是一个假按钮，也可以给我们带来控制错觉。换言之，真正令我们战胜焦虑的，是内心的"掌控感"，而不完全是对外界施加的"掌控力"。

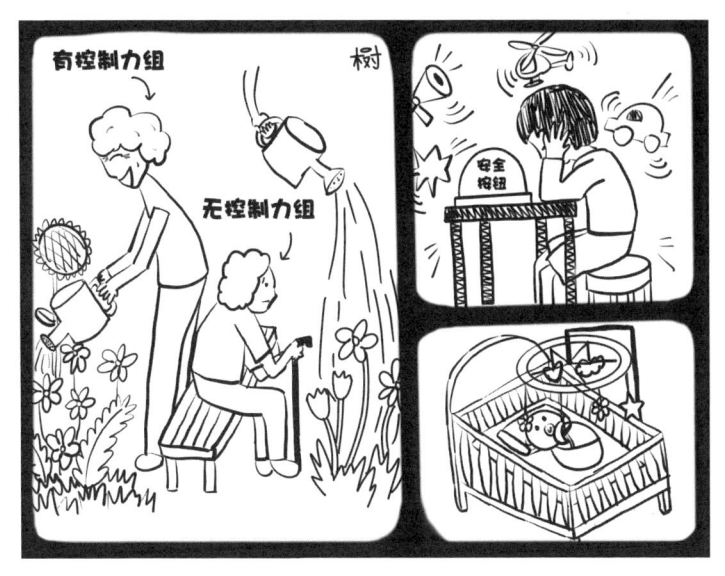

图 2-2 "掌控感"实验

在我们的日常生活中，处于痛苦中的人们也需要有一个"安全按钮"。当我们身边的人遇到重大挫折的时候，我们可以通过提升掌控感来帮助他们。给他们提供一个可选择的按钮，虽然他们不一定去按，但按钮的存在就能给对方带来安全感和自信心，让他们多一个选择。沃顿商学院的亚当·格兰特教授在《另一种选择》一书中提到，他曾因为自己的一位学生自杀陷入悔恨和自责，甚至一度要放弃教师生涯。[8]后来，他的朋友和家人帮助他从阴影中走了出来，为了避免悲剧再次发生，他在开学第一课时都会在黑板上写下自己的手机号码，鼓励学生向自己求助。这个号码就是一个让学生感到心理安全的"按钮"。

婴儿玩具实验。对于掌控感的情怀不是成年人独有的，甚至婴儿也喜欢自己能够掌控的感觉。约翰·沃森是加州大学伯克利分校的发展心理学家，他曾在婴儿身上进行了掌控感的实验。[9] 他把参与实验的8周大的婴儿分成三组，每天有10分钟的时间让婴儿躺在床上看床边悬挂的玩具。三组婴儿对玩具的控制力不同。A组（掌控组）的婴儿只要把头压在枕头上，婴儿床上挂着的玩具就会旋转；B组（无助组）的婴儿不管是否压枕头，玩具一直都在旋转；C组（对照组）的婴儿床头的玩具则是固定的。实验结果显示：掌控组的婴儿在通过控制枕头让玩具转动时，他们会笑并发出声音，而无助组的婴儿在玩具旋转时没有表现出任何情绪的转变。

研究者后续曾用不同的玩具和对婴儿讲话的方式重复进行实验，实验结果都类似。由此推断，掌控感能够激发婴儿积极、喜悦的情绪，从而增加其主动行为，无助感则会造成他们的负面情绪和被动行为。因此，我们可以在给孩子选择玩具时，以激发掌控感为指标，选择那些需要孩子打击或是按按钮才会动的玩具，或者触碰到人物才会发声的图书。相反，那些自动发出声音的玩具不会帮助孩子产生掌控感。同理，不让孩子长时间看平板电脑和手机也是部分出于这样的原因。在这些活动中孩子处于"被动"接受的状态，无益于掌控感的养成。

和其他能力一样，掌控感的早期培养是有先发优势的，越早增强孩子的掌控感越好，掌控行为和感受是形成学龄前儿童乐观心态的重要心理资源。其中，掌控感增强的重要方法是给予孩子清楚的安全信号。很多父母为了避免孩子的哭闹，在带孩子做让他们感到恐惧的事情（比如补牙或是打针）之前都会隐瞒。但当孩子到了最后一刻才发现时，这种没有事先预警的恐惧打击是巨大的。很多实验都证实了这一点，动物在实验中遭受到没有任何信号的随机电击时，会一直吓得缩成一团并保持恐惧状态。但同样的电击如果在发生之前有一定时长的声音提示，动物只有在声音出现时突然蜷缩成一团，在其余时间里则像平日一样没有恐惧表现。这些研究告诉我们：没有可靠的危险信号，也就等于没有可靠的安全信号。对孩子来说，如果在坏事发生之前就得到清楚的警告，那么他们会知道没有警告的时候，自己便是安全的、有掌控感的。因此，当有可预见的不利事件要发生时，如果父母为了避免短期的麻烦而不对孩子进行预警，那么长期代价是巨大的，这可能成为孩子无助状态的起点。

个人控制理论和习得性无助为我们揭示了人们面对不利情境时选择放弃的根源。既然无助是可以习得的，掌控感和韧性是否也能够被习得呢？塞利格曼的后续实验提供了可参考的例证。在第二次针对狗的习得性无助实验中，实验人员首先将狗置于可逃脱的情境下学习掌控，其次让它们经历不可逃脱的电击，最后再让它们进入穿梭箱遭受电击。与第一次实验相比，受试狗并没有那么快放弃，它们还是学会了跳过挡板逃脱电击。这表明，一旦动物习得了有效的行为，后续的失败尝试并不能够抵消它们改变命运的动机。[10] 因此，如果在动物尚未对"无法逃避电击"有任何经验之前，让它们学会如何"逃脱"或停止被电击，无论是在幼年期还是成年期习得这种"掌控"的经验，它们便都具备了免疫性。即使在其他情境中再次遭受不可避免的电击，它们依旧不会轻易向无助屈服。

多年的研究成果已经积累了大量的证据，失败后能否重新振作不是天生的人格特质，它是可以通过学习后天习得的。换言之，即便是悲观的风格也是可以被改变的，只是很多人并没有意识到自己正处于悲观的状态。实际上，塞利格曼在后续的实验中发现，人们可以选择他们想要的思考模式，即便是"不可逃脱组"的受试狗同样也可以通过后期干预提升它们的掌控感。当"不可逃脱组"的受试狗无助地忍耐着电击的痛苦时，我们用手拽住它们的腿反复在穿梭箱中间的隔板两侧拖动，直到受试狗自己开始主动跳跃为止。[11] 一旦受试狗意识到自己跳到穿梭箱的另一侧能够帮助它们逃脱电击，这种无助感就被治愈了，而且这种治愈性是可以复制到其他情境中的。塞利格曼强调，这种"治愈"100%有效，而且具有永久性。

但这里有一个非常重要的概念需要被强调，掌控感的习得依靠的是微小改变的持续积累。如果我们首次把实验中的受试狗从通电的一侧拽到安全区域，再把它们扔回去，我们就会发现受试狗依旧选择忍受电击，而不会采取任何主动性的行为去逃脱电击。这样的结果不难理解，习得性无助是在无论怎么努力都无济于事的长期打击中形成的一种放弃性行为。因此，习得性掌控也不是一蹴而就的，需要不断重复微小的行为来改变，直到我们能够撼动已经根深蒂固的思维定式。我们可以充分利用的大脑的神奇功能"以彼之道，还施彼身"。

大脑的作用机制在于，它能够接受反复践行的想法和行为，并将这些想法和行为固化且连接到潜意识，形成一种"自动驾驶"模式。这个过程始于个人首次有意识的认知改变，经过反复践行之后，这种习惯就开始转移到潜意识区，个人做起事来就会相对顺畅。在脑科学领域，科学家将这种能力定义为"经验依赖性神经可塑性"。[12] 我们的神经系统被设计成跟随经验而改变，而每个人的经验又取决于我们关注的事情。我们不断重复的观念和行为"塑造"了自己的大脑。因此，通过持续性的微小行为改变的积累，我们可以获得习得性掌控，从而提升韧性。

持续小赢

我们在生活和工作中都偏爱重大的决定性时刻。小时候在写作文时，我们选择的题目经常是"一件难忘的事情""最重要的改变人生的经历""第一次……"。我们的记忆结构决定了很多人都是戏剧爱好者，偏爱反转、高潮迭起和大团圆的结尾。在个人实现目标时，很多人也有这样的认知，只有重大的行动才能带来重大的改变。企业推崇的"大力出奇迹"的成功案例，更让很多人觉得只有"大干一场"才能有惊天动地的变化发生。然而,不可忽视的认知偏差是:人们往往容易高估某个决定性时刻的重要性,却忽视每天进行微小改变的价值。

"持续小赢"的概念由哈佛大学的特蕾莎·阿马比尔教授[13]提出,并在后续的专著[14]中进行了深入阐述。在她看来,"日常工作生活中使得员工达成目标的最佳内在激励是帮助他们持续进步——即使是微不足道的胜利"。持续小赢原则的背后,是人们内心对意义感的追寻,而这种追寻需要落实在每一天微小的进步中。重大的胜利固然很好,但在我们的人生中太过罕有。好消息是,即便是微小的胜利,也能够给我们的内心世界带来巨大的改变。阿马比尔对小赢的研究更多地聚焦在工作场景中,但对提升掌控力和打造韧性来说,工作和生活密不可分,两者是一个整体,因此持续小赢这一原则应该一以贯之,成为我们终身成长的重要行动指南。

支撑"持续小赢"理念的是强化效应理论,虽然任何小胜利的效应微不足道,但只要小胜利持续地发生,这些效应就不会消失。从单一目标的角度看,持续小赢就像滴水穿石,水之所以可穿石,是因为经年累月水都持续地滴落在同一位置,如果一年中每天我们都能进步1%,到年底我们将会积累37倍的进步($1.01^{365} \approx 37.78$)。持续朝着一个方向坚定地积累,你才会收获几十倍的"复利"回报。从目标系统的角度看,持续小赢可以实现"边际收益的聚合"。在《掌控习惯:如何养成好习惯并戒除坏习惯》一书中,作者列举了英国自行车队教练戴夫·布雷斯福德的事例。[15] 布雷斯福德奉行"边际收益的聚合"战略，将自行车骑行的全部过程进行分解，在每个环节上追求 1% 的微小改进，将各个环节汇聚之后，整体会有显著提高。在此理念之下，他将曾经默默无闻的英国国家自行车队发展为自行车霸主。2007—2017 年这 10 年间，英国自行车运动员共夺得 178 次世界锦标赛冠军、66 枚奥运会或残奥会金牌和 5 次环法自行车赛的胜利。小赢不怕"小"，只要能够和意义感、目标建立连接，再微小的胜利也值得肯定，只要永不为零，就会带来巨大的改变。

成年人往往会错误地认为，只要我们理解了某件事，就代表我们已经学会了这件事，然而事实并非如此。这样的错误认知正是提升心理韧性的障碍。了解不等于学会，明白道理不一定能做到。学了不做等于没学，知道不做相当于不知道。就像一个修车的工具包摆在我们面前，读了再多的工具使用说明书，在信息层面有很强的获得感，但是如果不真正动手实践，学习怎么用这些工具来修车，我们仍是一无所知。因此比"明白"更重要的是持续的练习和改变。

同样，持续性改变也是一把"双刃剑"，如果一年中你每天退步 1%，你现有的任何成就都会降到几乎为零（$0.99^{365} \approx 0.03$），甚至是负值。阿马比尔在研究中总结发现，负面事件积累的消极影响大于正面事件，因为人类的大脑天生就会更多地关注负面事件。因此，作为容易被负面情绪裹挟的人类，持续小赢就更为珍贵并值得我们坚持。

在韧性飞轮模型中，持续小赢是三个飞轮叶片的动力原则。

无论是觉察、意义和连接都需要持续小赢。从觉察的角度看，观念的改变和自我认知的迭代都是持续性的"渐悟"过程，而改变认知也需要落实在一系列的行为训练中，比如在接下来的韧性工具包中会详细讲到的记录和冥想，就是每一天甚至每一时刻都进行自我观照；从意义的角度看，持续小赢是目标分解、连贯性目标和意义强化的重要方法，在我们梳理出个人的意义树之后，持续小赢能够帮助我们更高效地分配时间、管理优先级和提升专注力；从连接的角度看，我们与他人关系的深化也是在日常生活的持续性互动中发生的，信任、亲密关系的建立，都是"久久为功"的过程。持续小赢让我们更好地体会沟通的价值，在交往的细节中提升共情力和关系质量。如同本章开头所说，韧性飞轮的启动并非易事，尤其是在长期休眠、停滞的情况下。对掌控感相关理论和研究的回顾让我们知道重启飞轮应该从何处发力，持续小赢则是具体行动的原则和方法。韧性飞轮的三个叶片都可以作为行动的起点，下一章将重点讲述飞轮的第一个叶片——觉察，让另一个"自己"去观照内心的思维和情绪，从而更深入地认知自我。

韧性认知

▶ 根深蒂固的思维定式是我们改变认知和行为的最大敌人。

▶ 理解放弃背后的心理机制，有利于我们提升韧性。

▶ 人们对于掌控感怀有某种激情，适度的掌控感是诸多积极情绪的根源。

▶ 通过持续性的微小行为改变的积累，我们可以获得习得性掌控，从而提升韧性。

韧性练习

1. 为自己创建"发现清单"（见表2-1），在阅读和与他人交流时，尝试更新自己的观念，或者填补认知空白。

表2-1 发现清单

时间	地点	谁或什么启发了你	旧认知	新发现	还有什么新发现
2020年5月	家里	妈妈、萝卜	萝卜只会长叶子	萝卜会开花（详见第5章）	白萝卜会开出粉色的花，种种胡萝卜试试
2021年9月	飞机上	《重新思考：知道你不知道的东西的力量》	温水煮青蛙，青蛙不会逃，会被煮死	温水里的青蛙才能逃走	思维牢笼的力量非常强大（详见第10章）
2022年1月	餐厅	一位同事的个人经历	星座只是人们生活中的消遣	有多家知名企业把星座作为招聘和晋升标准，甚至用于任命重要高管	领导者的非理性重大决策还有很多，需要进行研究和自我反思

2. 尝试开启自己的"小赢记录"，无论你是希望记录自己

的读书小赢、运动小赢、减重小赢，还是任何你希望实现的小赢。每天完成后在表2-2的大拇指中画上一个大大的对号，这便是一个重要的视觉提示符号。每一个对号都是下一个行动的触发器。不要小看手写记录的力量，持续标注的对号能够给我们的视觉带来最直接的刺激和强化，让我们在获得内在激励和满足感的同时，获得持续进步的动力。打卡无须过度追求完美，小小"复活"是为了更好地持续下去。不要忘记"小赢"的真谛，微小的奖励都有无穷的力量。我们有学员用小赢记录实现了自己人生中第一个半程马拉松和坚持每天读书的目标，还有学员通过小赢记录戒掉了"每天要吃一个大冰激凌"的成瘾习惯！

表 2-2 小赢记录

我要实现的目标：						
第1天 日期：	第2天 日期：	第3天 日期：	第4天 日期：	第5天 日期：	第6天 日期：	第7天 日期：
第8天 日期：	第9天 日期：	第10天 日期：	第11天 日期：	第12天 日期：	第13天 日期：	第14天 日期：
第15天 日期：	第16天 日期：	第17天 日期：	第18天 日期：	第19天 日期：	第20天 日期：	第21天 日期：
第22天 日期：	第23天 日期：	第24天 日期：	第25天 日期：	第26天 日期：	第27天 日期：	第28天 日期：
第29天 日期：	第30天 日期：	第31天 日期：	复活卡 日期：	复活卡 日期：	完成情况： 自我奖励： 1. 2.	31

第二部分

韧性飞轮之觉察

在我授课和与企业家交流的过程中,他们总说自己想要拥有一项超能力——"看透人心"。我在课上会进行很多有意思的测试,让他们判断自己和别人的行为类型,结果能够全都猜中的人寥寥无几。这揭示了一个残酷的真相:很多情况下我们既不了解别人,也不了解自己。"知人之明"和"自知之明"都是很难修炼成功的。在这一部分我们先从第3章的"元认知"开始,一起面对自我认知的障碍,洞悉自己内心真实的需求。因为需求影响情绪,情绪影响决策和行为,因此我们有必要去解码一种广泛的情绪——焦虑,而焦虑的产生恰恰和第一部分所论述的掌控感密切相关。

情绪作为一种心理活动,我们比较容易对其进行自我观察和感知。在第4章中,我们要向更深层的意识去探险,认识决定我们悲观和乐观的归因模式。归因模式的绝妙之处在于,哪怕只是对归因模式有了认知,都会降低我们悲观归因的频度,并逐渐发生改变。行为改变离不开行动，我们将体验心理疗法中最有效也是最简单的练习之一——记录。

在第 5 章中，我将讲述自己人生中的几个至暗时刻，这些时刻里的种种因缘际会，让我对冥想从怀疑、了解、尝试、深入研究走向了践行，并且持续从中受益和成长。这是我在课堂上无法深入展开的一段重要经历，在此以文字为载体，真诚地分享给你。

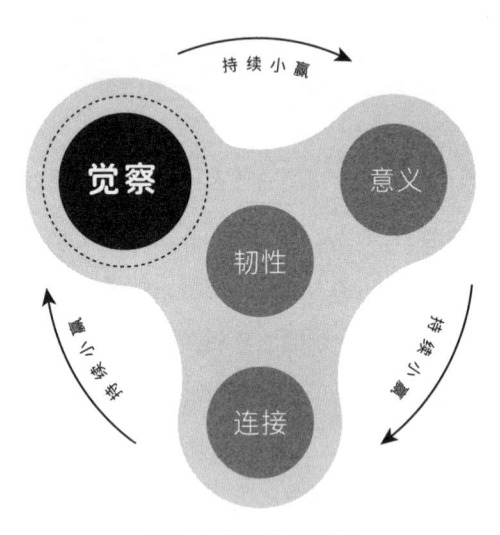

图 II-1　第二部分飞轮图

第 3 章　元认知——对认知的认知

> 君子博学而日参省乎己，则知明而行无过矣。
>
> 《荀子·劝学》

打开你的套娃

可能对很多人来说，套娃只是一种带有俄罗斯风情的旅游纪念品，但是对我来说，它深化了我对自我认知领域的研究兴趣。2017 年，我带领长江商学院校友会的几十个会长和秘书长，去莫斯科和圣彼得堡进行为期 10 天的访学。此次访学给我留下最深记忆的是在课程的最后，合作方的商学院教授作为东道主送给我们每位学员一组套娃（见图 3-1），并由此展开她的分享内容。很多人并不知道的是，套娃的原产国并不是俄罗斯，而是日本。根据教授的介绍，套娃是从日本来到俄罗斯，成为俄罗斯的特产也只经过了 120 多年而已。出于学者的习惯，我对此做了进一步的研究。套娃最早起源于日本的七福神。七福神之一为福禄寿爷爷，日本人把它做成了可以层层打开外壳又能套在一起的木偶，这就是套娃的创意原型。俄罗斯的第一组套娃，是俄国企业家萨瓦·马蒙托夫的儿媳妇在 19 世纪末从日本本州岛带回来的。这个木质娃娃的形象正是日本福禄寿小神像，由 9 个大小不同的一个套一个的小神像组成。俄罗斯人因此受到福禄寿套娃的启发，开始制作具有自己民族特色的俄罗斯套娃。在 1900 年法国的万国博览会上，俄罗斯套娃获得了铜奖，从此以后风靡全球，并开始被大量生产，成为俄罗斯的代表性旅游纪念品。

图 3-1　俄罗斯套娃

注：这就是 2017 年我在俄罗斯访学时拿到的那组套娃。

在开始分享前，合作方院校的教授留给我们一些时间观察套娃。出于多年研究行为学和心理学的经验，我习惯性地观察着大家拿到套娃后的反应。几乎每个人的第一反应都是拆套娃，一层一层拆开，直到拆到最里面的内核——那个实心的最小的娃娃。有些学员依次将套娃摆成一排，有些则拿着那个最小的实心娃娃仔细观察，似乎是在确认里面会不会还有一个更小的娃娃。在大家摆弄了几分钟套娃后，接下来几乎每个人又做了一个相同的动作，那就是再一层一层地把套娃套回去进行还原。在俄罗斯，人们用套娃来比喻自我认知的过程。每一个人都会有一个本我，即最真实、最本质的自我。随着年龄的增长、阅历的增加，每个人在社会、家庭中会有各种各样的角色。不同的角色，就像套娃一层一层的外壳。时间长了，外壳多了以后，可能自己也不清楚哪一层是真实的本我，哪一层是在情境中扮演的角色。所以自我认知就像是一个一层一层地打开套娃，不断接近本我内核的过程。但在向内探索和觉察的过程中，一定会有不适感。

　　自我认知的过程甚至被比喻成剥洋葱。大家都熟知，当把洋葱皮一层一层地剥开的时候很多人会流泪。同样，当我们逐层剥掉自我套娃外面的保护壳时，就如同把长期存在的心理和生理面具揭开一样，我们会感到不适，甚至恐惧。每个人都有其自身的舒适区，其中包含习以为常的思维模式、行为习惯，以及在关系中与他人的互动模式，给我们带来了确定感和掌控感。但如果我们不能定期对自己的这些思维和行为的定式进行回顾、反思、挑战和改变，就非常容易陷入自我循环的既定节奏中，无法实现真正的突破和成长。还记得前面提到的"温水煮青蛙"的故事吗？我接触的很多企业一把手都有这样的切实感受：企业发展的天花板就是领导者本身的自我认知，而自我认知的突破是最难的。当我们在进行自我觉察的时候，很多人下意识的反应是自我防卫，赶紧回到某一层壳中，回到那个能让自己感到最舒服的适应区。因此，自我觉察是一个充满挑战的向内探索之旅。很多人都把找到自己、遇见更好的自己挂在嘴边，但他们终其一生仍然和自己形同陌路。

在学术界，1999年发表于著名心理学期刊《人格与社会心理学》上的一篇研究论文成了自我认知研究领域的转折点。美国康奈尔大学的心理学教授戴维·邓宁和他的研究生贾斯廷·克鲁格通过一系列的心理学实验让受试者评估自己的逻辑推理能力，预测在能力测评中的分数以及相较于其他受试者自己可能的排名。反复实验的结果显示，在能力测试中得分较低的个体往往会高估自己的得分和排名，甚至超过平均水平。相反，在能力测试中得分较高的个体则会低估自己在逻辑推理能力测评中的分数和排名。在后期的实验中，被随机抽选的一半受试者接受了逻辑推理能力的训练，另一半受试者在相同时间内被要求完成一些和此次研究不相关的任务。结果表明：能力训练可以相对提升个体自我评价的准确性，能力测评得分较低的个体在经过训练后，能够显著降低自己的排名预估，而未经训练的个体，无论能力高低都不能改变对前序实验中的排名预估。

根据这样的结论，邓宁和克鲁格在1999年提出了享誉全球的自我认知理论——"达克效应"。[1]达克效应折射出人们的认知偏差，生动地揭示出这样的现象：能力欠缺的人往往没有能力正确认知自身的不足。达克效应的曲线刻画了人们对自我能力认知的不同阶段。当人们对某个领域从完全无知过渡到有少量认知的时候，最容易出现自负的表现，这一阶段被称为"愚昧之巅"。而后，随着对该领域知识经验的积累，人们的自信水平会经历一个回落再上升的 U 形过程，从"知道自己不知道"到"知道自己知道"，最后才有可能成为这个领域的专家。而对某个领域的一知半解最为危险，因为人们在这个阶段处于"不知道自己不知道"的状态。

这里有必要强调"元认知"的概念。根据邓宁和克鲁格的研究，个体对于某一领域的认知能力有两层含义：第一层含义指的是个体在该领域中的实际能力水平，第二层含义是指个体能否客观认识到自己在这一领域的能力水平。后者便是元认知能力。元认知（metacognition）[2] 由美国心理学家 J.H. 弗拉维尔于 1976 年提出，指的是人们对自己认知的认知，即对自己的感知、记忆、思维等认知活动本身的再感知、再记忆、再思维。元认知主要包括元认知知识、元认知体验、元认知监控等成分。

弗拉维尔在 1981 年对元认知做了更简练的概括："反映或调节认知活动的任一方面的知识或认知活动。"可见，"元认知"这一概念包含两方面的内容，一是有关认知的知识，二是对认知的调节。也就是说，一方面，元认知是一个知识体系，它包含关于静态的认知能力、动态的认知活动等知识；另一方面，元认知也是一种过程，即对当前认知活动的意识过程、调节过程。作为"关于认知的认知"，元认知被认为是认知活动的核心，在认知活动中起着重要作用。在某一领域能力较低的个体之所以容易陷入达克效应，是因为他们缺乏元认知能力。换言之，当他们无法对自己的能力做出准确、客观的评价时，低能力者没有能力高质量地完成自己所面临的任务，更可怕的是，他们还无法认识到自己缺乏这样的能力，反而还会对自身能力表现出自负。

达克效应在日常工作和生活中的实例比比皆是。哈佛大学的心理学教授丹尼尔·吉尔伯特指出，大众通常并不认为自己是普通的。研究显示，绝大部分学生都认为自己的聪明程度高于平均水平，而大部分商人也都认为自己比一般商人技高一筹。[3]这是因为人们很容易高估自我的独特性。即便我们没有那么特别，我们认知自己的方式也是特别的。更有趣的是，通常情况下，认为自己是特别的可以让我们感觉良好。吉尔伯特特别强调，人们在看待情感时会对自身的特殊性和与他人的差异性表现出尤为强烈的信念。其中的认知偏差在于我们能感受到自己的情感，但只能通过外在信号（比如对方的表情、语调、肢体语言等）推测他人的感情，因此我们经常会觉得自己的情感比其他人强烈。这样的认知偏差导致我们时常认为其他人不具有同理心，不能换位思考，这是因为我们会在没有充分考虑其他人感受的时候却要求对方来照顾自己的感受。

我们在生活中可能都接触过"半瓶醋"专家，这些人的自大可能更容易辨别。而实际上，达克效应也会在高成就人群中发生。美国马里兰大学的会计学教授尼古拉斯·塞伯特在分析了标准普尔500指数中400家企业的605位CEO在他们年度报表上的签名大小和形态后，揭示出领导者的自信水平以及企业盈利状况和业绩表现的关系。[4]这项研究发现，相比CEO签名字体较小的企业，那些签名字体较大的CEO所在公司的业绩表现较差。塞伯特认为，大签名往往反映出CEO本人的自恋型人格的特征——过强的控制欲和过度自我的膨胀感。签名大小也和过度花费、低资产回报率，以及CEO的薪酬高于行业同类企业成正相关关系。签名很大的CEO，其管理风格往往是"一言堂"，属于自信心"爆棚"的状态，这样的企业在未来3—6年中销售收入和销售增长率都有较差的表现。此外，研究还发现，CEO的签名越大，其创新能力越低，表现为所在企业的专利发明和专利认证数量较少。

以上研究显示了企业领导者的认知偏差对企业业绩的影响。回到个人世界，自我认知的重要性不言而喻。在多变的外部环境中，我们每个人都是自己的领导者，每个决策都受到认知的影响。我们经常听到这样的说法：人们只能赚认知范围内的钱。比获取物质回报更重要的是，我们不能让认知偏差限制了自身的持续精进和成长。在第2章中，各种心理学实验和理论为大家揭示了韧性的原力是掌控感，而持续不断地失去掌控感会使人们陷入习得性无助。拥有客观认知的能力并持续训练自我的觉察是提升掌控感的根基。这是因为苦难很多时候源于无知，人生并非要不断经历苦难才能改变，从而获得幸福。

提升认知能力和探究自己的真实需求密不可分。需求会影响人们的情绪，而情绪又会作用于我们的行为，人们展现出来的行为往往只是冰山一角。我们的深层需求经常被一层一层的情绪掩盖，因此我们时常混淆情绪和客观事实，从而无法客观地认知自己。情绪的失察和失控会带给身边人诸多的伤害。人们本能的情绪发泄对象，一定是身边比自己弱小的人。[5]在家庭中，体现为父母对子女；在组织中，则是上级对下级。我在进行企业调研的时候，不断听到高管和员工对于领导"暴脾气"的吐槽，觉得自己得不到领导的认可。而领导往往处于不自知的状态，或者觉得自己的情绪是内心"恨铁不成钢"的表达，是"刀子嘴，豆腐心"的好意，应该被理解和包容。情绪源于想法，但想法和事实在很多时候相差甚远。当我们迷失在各种复杂的想法中而看不到事实真相时，我们便陷入了认知混乱，相伴而来的是强烈的失控感。因此觉察到我们的想法和情绪以进行认知改变是启动韧性飞轮很重要的一步。

与掌控感息息相关的一种最常见的情绪应激源就是焦虑。如果我们能够把不可控适度转化为可控，这种确定感便会在一定程度上降低人们的焦虑。看到这里，你头脑中冒出来的问题可能会是：焦虑和掌控感之间到底有什么关系？如何才能把不可控转化为可控感，从而让焦虑这种我们每个人几乎每天都要经历的情绪真正得到缓解？回答这些问题需要我们揭开焦虑的面纱，了解一下焦虑的本质以及它对人们认知提升和打造韧性的影响。

解码焦虑：进化的遗产

2020年7月—2021年12月，我和研究团队每个月都会收集企业一把手和高层管理者焦虑行为倾向的数据，共积累有效问卷 3 545 份。如图 3-2 所示，在 7 项定义焦虑的行为指标中[6]，66.22% 的受试者表现出不同程度的"对各种各样的事情担忧过多"的倾向，63.12% 的受试者经常性地感到紧张、不安或者烦躁，甚至有 5.78% 的受试者几乎每天都很难放松下来。整体而言，在这 3 545 名受试企业家中，以受试者填写问卷为时间基点的过去两周中，有轻度焦虑表现的受试者占比约为 29.8%（1 058 位），而具有中度焦虑表现和重度焦虑表现的受试者占比分别约为 8.9%（314 位）和 2.5%（88 位）。从数据中可以看出，企业家受到各种焦虑行为倾向的影响是非常大的。其实，不仅仅是企业家，我们每个人都会受到焦虑这种情绪应激源的干扰。焦虑已经成为精神疾病中的普通"感冒"，而且趋于年轻化。到底何为焦虑？为何焦虑与我们每个人心心念念的掌控感有密切的关系？

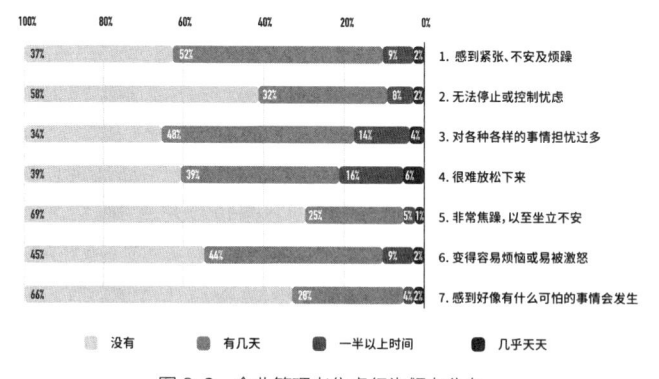

图 3-2 企业管理者焦虑行为倾向分布

注：研究采用广泛性焦虑量表评定受试者的焦虑症状。数据仅在测评焦虑行为倾向，而非焦虑症的诊断。量表根据 2006 年罗伯特·L. 斯皮策、库尔特·克伦克、珍妮特·B.W. 威廉姆斯和贝恩德·勒韦在《内科学文献》发表的论文限定了衡量时间，追踪的是"过往 14 天"，这是由于心理状态会受到环境和事件的即时影响，短期内可以产生很大的波动。[7]

焦虑是指对未来发生的事情不可预测和不可掌控。当我们总是担心自己无法应对未来可能发生的事情时，焦虑就会油然而生。焦虑反应最主要的特征是对恐惧的预期，与对某件事的恐惧本身相比较，对恐惧的预期是更显著的压力来源。在很多人看来，预测并掌控未来是一个令人愉悦的过程，这不仅仅是因为掌控对未来能产生影响，更重要的是掌握行为本身。一项研究实验充分证明了这一点。这项实验使受试者接受不会对身体造成伤害但会令人不太舒服的电击，每一位参与者在受到电击前的3秒钟会收到提示。高电压组的受试者会在整个实验中接受20次高压电击，而低电压组的实验对象会接受随机出现的3次高压电击和17次低压电击。实验结果和研究者预料的完全一致：低电压组的受试者表现出了更强烈的恐惧感，伴随着更剧烈的心跳和更多的流汗，虽然他们接受的电击总电伏要低于高电压组。很明显，对低电压组的受试者来说，无法预测的3次高压电击要比一成不变的20次可以预见的高压电击还要可怕。[8]

在日常生活中，我们对掌控感的"迷恋"同样体现在热衷于做一件"明知不可为而为之"的事情上，那就是人们喜欢预测未来，在行为上五花八门的表现形式包括常见的占卜、算命、八字、星座、塔罗牌等，其背后都是对掌控未来的深层情结。研究发现，人们日常思考的内容至少有12%是和未来有关的，也就是每8个小时的思考中，我们会花至少1个小时在想和未来相关的事情。

在《跳出猴子思维》[9]一书中，作者珍妮弗·香农是一名有着20多年丰富临床经验、专治焦虑症的心理治疗师。她将人们普遍的焦虑思维模式概括为三种预设。最常见的焦虑思维预设就是无法忍受不确定性："我必须 100% 确定。"人们普遍都有想要知道未来会发生什么的倾向，比如我这次大考的成绩会不会得 A，我今年能否被提升，公司的上市计划能否如期顺利进行。当下也许我们最想预测的，莫过于知道"新冠肺炎疫情到底什么时候才能结束"。人类虽然对掌控感情有独钟，而大量研究也证实获得掌控感能够对一个人的健康和福祉产生深远的积极影响，但当人们对任何事情拥有过度的掌控感时，这把"双刃剑"的另一面剑刃就会使得我们处于时刻保持高度警备的状态，压力重重，并出现各种行为表现，比如很难放松、过度计划、强迫性倾向、很难随机应变等。我在学员中就曾见过"列表癖"的重度成瘾者，他们凡事都要列个清单，工作、生活甚至旅游时的计划都要按部就班、一丝不苟。更有甚者还要在所有的表格之外列出一个所有清单的总表目录。如果想要万事万物都尽在掌控的话，这一定是给自己平添烦恼，最终就连自己的焦虑都无法掌控。倘若所计划的日程因为任何内在或者外在的原因无法如期进行，我们就会感到沮丧，而当一系列计划因为某件不可预测的事被彻底打乱时，失控感就会将我们层层裹挟，压得我们喘不过气来。

人们时常认为自己能够控制我们根本就控制不了的事情。斯多葛学派中最著名的哲学家爱比克泰德指出，人类容易犯两种致命的错误。第一种是人们试图全面控制我们无法控制的事物，第二种就是我们没有在自己能够掌控的事情上下足够的功夫，从而推卸责任。[10] 还记得在第 1 章中我曾提到，一个偶然的机会我和一位上师切磋，上师总结道，只有当我们能够相信并接受"无常即恒常"时，才能充分感受到当下的美好和快乐，从而获得更深层次的幸福感。因此，当你因不确定性而感到失控时，不妨按下暂停键，尝试在自己乱成一团的思绪和接下来的行为中间创造一个空隙（如何拆弹焦虑，详见第4章）。与其不停地预测未来，不如尝试活在当下（如何训练自己活在当下，详见第5章）。从"我必须100%确定"转变为"我愿意接受不确定性"，能够帮助我们打破第一种常见的焦虑思维模式。

第二种焦虑思维预设是完美主义："我绝对不能出错。"过度谨慎使得完美主义者选择回避任何超出自己能力和经验范围的尝试。其在行为上的表现是：拖延症，因害怕失败而不愿尝试创新，过度工作，过度反思过去、人和关系等。在工作中，完美主义似乎给拖延症找到了一个颇具优越感的借口。而事实上，在快节奏、多线程的工作模式中，完美主义倾向会以效率和协同为代价给团队带来灾难性的影响。对于完美主义引发的焦虑，能够缓解的观念是"我可以犯错"，将出现的错误和他人的建设性批评视作成长的机会。放弃与他人的过度比较，接受这样的事实：某件事情我们做得好与不好，并不能反映出作为一个人的真正价值。我们还要尝试学会自我接纳与自我关怀（详见第5章），否则总是无法进入自己的最佳状态，即便已经在最佳状态中，我们也不能够客观地自我觉察。

第三种焦虑思维预设是过度负责："我要对所有人的幸福和安全负责。"这种思维模式的行为表现是：关心别人比关心自己多，过度为他人着想或承担责任，有时甚至因为过多的建议把别人吓跑，莫名其妙地因为他人的错误而陷入自责，缺乏自信而很难坚持自己的观点和想法。过度负责的思维预设也是导致老板忙到昏天黑地，下属闲着没事干的原因之一。当我们总是对所有事情都抱有要负责的态度时，潜意识中我们会选择代替下属去解决问题。而实际上，每个人都应该为自己的工作和选择负责，我们可以感同身受，但不应该越俎代庖。

这种过度负责在亲密关系中也非常普遍，尤其是父母对子女，每一个"鸡娃"[①]的家长都或多或少地把孩子的学习成绩当成自己的"业绩"。更常见的现象是，为了让孩子取得好成绩，父母亲自上阵，代替孩子完成他们自己无法做到的事情。这样的行为只能传递给孩子一个清晰的信号：当事情发展到你自己不能掌控的时候，可以直接放弃让别人来替你完成。反复践行过度负责的行为反而是帮助孩子"习得"无助，丧失掌控感和坚毅的品质。

此外，过度负责者总是担心和别人的关系受到负面影响，因此在与人相处时非常容易忽略自己，对自己的关爱不足。这种思维模式有时甚至会被利他的社会性强化，即大家会盲目地认为，只要帮助他人，自己就会幸福。虽然过往的研究告诉我们帮助他人是给自己带来持久幸福感的最高阶元素，但我们不能断章取义。有关利他的研究表明，最科学的帮助他人的方法是自利并利他。[11] 如果我们在帮助他人的过程中耗尽了自身的心理资本，

---

① "鸡娃"是网络流行词，指的是父母给孩子"打鸡血"，为了孩子能读好书、考出好成绩，不断给孩子安排学习和活动，不停让孩子去拼搏的行为。

长此以往，这将会给全社会带来更大的负担（有关如何与他人建立连接，详见第四部分；有关利他对于韧性打造的关键作用会在第8章中做详尽阐述）。大家最为熟知的常识是，在高空飞行中如果遇到危难事件，你首先需要给自己戴上氧气面罩，其次才能帮助身边的孩子。因此改变过度负责的观念，首先要关注"我要对自己负责，我有没有照顾好自己的需求"，因为当关心别人比关怀自己还要重要的时候，我们以为自己是出于爱，其实往往是我们焦虑而导致的结果。

以上三种焦虑思维模式的预设都建立在"不现实"的标准之上。其导致的结果是我们越想要去追求目标，就越焦虑，也越不敢冒险。无论对焦虑症患者还是容易陷入焦虑的人来说，他们至少具备三种思维预设之一。有些人是两种焦虑思维模式的组合，而有些人甚至是三元模式的结合体。著名心理学家、"理性情绪疗法之父"阿尔伯特·埃利斯认为，焦虑的背后有着三种非理性的"必须"信念：一是针对我自己的必须信念，以上三种焦虑思维模式都是关于"我"的，它的形成源自整个人类早期的原生威胁经验；二是针对他人的必须信念，例如别人必须对我言听计从，别人必须喜欢我、认可我，等等，如果他人违逆了自己的期待，人们就会生气、发怒，进而演化为仇恨和暴行；三是针对客观世界和环境条件的必须信念，比如工作环境必须舒服，同时工资待遇必须好，天气必须符合我的心意。这些必须信念会降低人们对挫折的忍耐力，导致焦虑、抑郁、拖延和其他不良后果。[12]

人类大脑天生倾向于关注负面情绪，心理学家克里斯廷·内夫指出，这种倾向是人类在进化中继承的生物技能，对人类生存至关重要。[13] 从进化的角度来看，对比远古人类和现代人类的脑容量的变化，远古人类的脑重量从 567 克左右，经过 200 多万年的演化，变成现代人的脑重量，大约是 1 360 克，增长了一倍多。[14] 但从脑容量①即体积的角度看，令人吃惊的是，现代人的脑容量竟然比祖先小。研究表明，生活在 2 万年前的成年男性脑容量大约为 1500 立方厘米，现代成年男性平均脑容量为 1350 立方厘米，"缩水"比例为 10%，体积相当于一个网球大小。女性脑容量"缩水"比例与男性相当。[15] 但不容忽视的是，人类在进化过程中，头颅形状从前额向后倾斜发展成现在人的模样，最大的变化集中在被称为"额叶"的部分，而更为发达的额叶位于前额部位，即眼睛的正上方。人类大脑前额叶的皮质面积占到总面积的 30%，比其他灵长类的比例都高。研究发现这一区域主要与人的复杂认知相关，是工作记忆的主要区域。[16]

然而，在 19 世纪相当长的一段时间里，神经科学家一直认为额叶是没有实质作用的，它对我们的行为没有什么太大的影响，这样的结论源自 1848 年发生的著名的"美国铁棍事件"。1848 年 9 月 13 日下午，美国大西部铁路公司爆破工头菲尼亚斯·盖奇接受了一项任务：负责炸开掉在铁轨上挡住去路的大石头。工人们因为分心，未铺上防炸的泥土，盖奇用自己随身携带的长 110 厘米、半径 1.6 厘米的铁棍点燃引线，因为缺少防炸设置，铁棍直接被炸飞，从盖奇的左脸颊穿入并从头顶贯穿而出，并带

---

① 脑容量也称"颅容量"。颅骨内腔容量大小，即通常所说的脑容量，以立方厘米为单位。

着被挤出的盖奇的额叶掉落于 25 米外。盖奇马上倒在地上,失去了知觉。在被工友送到医院后,受当时医疗水平的限制,医生使用大黄和蓖麻油对盖奇进行医治,这种情况下,人们觉得他生还的可能性微乎其微。但完全出乎人们的意料,盖奇奇迹般地活了下来,头上的伤口慢慢愈合,三周之后即可以自由行动。

事故发生两个多月后,盖奇又回到了铁路干线继续工作,和工友一起清理炸药。工友们非常惊讶地发现,这个人和常人并无太大区别,并且他所拥有的工作和生活技能跟受伤之前是一模一样的,只是他的脾气、秉性、处事风格等发生了巨大的转变。盖奇原本是一个认真负责、做事有始有终、人缘良好的工头,在意外受伤之后,却变得粗鲁不雅、不听劝导、自以为是、虎头蛇尾。盖奇在严重的脑损伤后奇迹般地存活了 13 年,成为世界上最著名的脑损伤患者之一。美国铁棍事件似乎佐证了"破坏额叶不会对人的行为能力造成影响"这一事实。然而到 20 世纪,外科医生用更加精准的科学实验推翻了"额叶对人类行为无关紧要"这一结论。

20 世纪 20 年代,葡萄牙医生埃加斯·莫尼兹通过最初在猴子身上进行的额叶切除手术[17]找到了能够帮助精神病患者平复激动情绪的办法。正常情况下,如果我们一把夺过猴子手里吃得正香的香蕉,猴子会非常生气,甚至要攻击抢它香蕉的实验者。但是在把猴子的部分额叶或者全部额叶摘除掉之后,重复进行抢香蕉的实验时,研究人员发现,猴子居然很平静,不会有任何愤怒和过激的反应。研究者由此推断出额叶能够产生很重要的情绪调节作用。

进入20世纪30年代，莫尼兹大胆地将额叶切除手术（或者破坏额叶的某些组织）应用到使用其他治疗方法均宣告无效的焦虑症和抑郁症患者身上，发现了类似于出现在猴子身上的平复情绪的作用。额叶切除手术的首位对象是一名患精神疾病的妇女，医生在患者头颅上钻了两个洞，并向她的额叶皮质泵入酒精，破坏额叶和大脑其他区域的连接。之后的手术则是用空心针头"掏空"额叶的几个区域，也就是用空心针头吸走大脑的某部分以达到切断神经连接的目的。医生惊讶地发现，这些患者的额叶被摘除之后，他们的焦虑和抑郁症状都消失了，会持续处于开心的情绪中。

莫尼兹和参与手术的医生随后在权威的科学刊物上发表了研究文章，揭示了手术效果。1949年，莫尼兹因额叶手术获得了诺贝尔生理学或医学奖。[18]当然，医学界对额叶切除手术的争议从未停止，尤其是在当时的条件下，这些手术的过程都是不可视的，医生几乎很少打开病人的头盖骨进行手术，只是在头骨上钻孔然后进行切除，具体的位置全凭医生的估测。但也有学者为此辩护说，在当时没有其他替代方案的情况下，采取额叶切除手术是不应受到指责的，而莫尼兹的贡献是值得获奖的。[19]当时，额叶切除手术的费用高昂，是只有富裕的病人才能享受到的"奢侈品"。

然而，故事的高潮还没有来到。当人们想方设法希望通过切除额叶以免除自己饱受焦虑和抑郁之苦时，研究者发现了额叶被切除后的副作用。虽然额叶受损患者在标准智力测试和记忆测试中通常表现良好，而且在一般情境中也能做出正常行为，但是他们在任何涉及与计划相关的最简单的测试中都会表现出严重的受损症状。换言之，额叶切除者虽然在日常工作生活中表现出正常的行为模式，但他们丧失了"做计划"的能力。假如我们问一个没有额叶的人"你今天下午准备做什么"，他们的大脑中会出现一片空白，无法体会时间的延伸，因此无法预想自己未来的行为。这个现象引起了学者很大的关注。

经过长期研究，科学家最终发现了焦虑和计划之间的关系——焦虑源自对未来的失控。这是因为做计划要求我们预测自己的未来，而焦虑是我们在预测未来之后可能产生的反应。因此预测和掌控未来就是焦虑和计划之间的概念性关联。

从远古到现代，人类对世界的掌控感是不断增强的，在科技的助力下，我们对未来可以实现越来越精准的预测和规划。伴随着能力的增强，我们的"消极偏见"也在被强化。人的大脑本来就对坏消息更为敏感，它会不停扫描来自外界和自身的坏消息，我们会密切关注坏消息而忽视了全局，对坏消息过度反应，并且快速将不良体验印刻在身体、情绪和记忆中，这样的反复行为造成了恶性循环，我们会不断反思过去、规划未来，并不断回忆起过去的负面经历。[20]互联网带来的信息爆炸使我们可以随时同步全球的最新资讯，这使得危机、灾难、犯罪和其他负面社会新闻更容易形成病毒性传播，让人们更加担忧不确定的未来，陷入焦虑。

现在，我们了解了焦虑的本质、引起焦虑的常见思维模式，以及焦虑是如何与人脑在进化过程中对未来掌控的倾向相关联的。然而，就像人类对掌控感的偏爱是一把"双刃剑"一样，焦虑也有两面性。虽然过度焦虑会给我们带来影响深远的身心伤害，但适度的焦虑是一种健康的表现，它有助于我们避免盲目乐观。威斯康星大学的一项研究发现，相比实际承受的压力，认为"压力有害"的想法对健康产生的影响更大。研究者对 30 000 名美国人进行了调研，询问他们在过去一年中经历了多大的压力，以及他们是否认为压力会损害他们的健康。研究者发现，与那些认为压力是有益的人相比，承受大量压力并认为压力有害的人的死亡风险要高出 43%。更有趣的研究发现，那些对压力有积极看法的人的死亡风险最低，甚至低于那些没有承受实际压力的人。[21]因此，适度焦虑所产生的合理压力，能够促进我们高效完成工作任务。

我和研究团队在一个学员的企业所做的研究也验证了适度焦虑的有益性。我们分析了这个企业所有销售员工的业绩与他们各自焦虑度之间的关系，在考虑了不同销售团队之间的差异性、团队管理者的领导风格等因素后发现，排名前 5 的销售冠军都有轻度的焦虑倾向，而垫底的 10 名销售员工既不焦虑，也不抑郁，但遗憾的是，他们的销售业绩长期低迷。人是有趣的复杂矛盾体，我们虽然对掌控感有种特殊的情怀，但如果没有了不确定性，生活中的一切都周而复始、按部就班，很多人又会觉得无聊乏味。幸运的是，除了焦虑，不确定性还附赠了另一项进化的礼物，让无数人趋之若鹜，那就是当我们对未来发生的事情在一定程度上不可预测且不可掌控时，我们还会感到惊喜。

惊喜背后的秘密

近年来，在心理学家对毒品、酒精等成瘾者的行为治疗中，有一个分支领域叫作权变管理[22]，即通过物质奖励的方式对戒断者进行激励，以不断强化积极的行为改变。比如在每次尿检合格后，奖励戒毒者食品券，随着戒毒治疗的深入，奖券的数额越来越高。尽管这样的做法提高了完成戒断治疗的患者比例，但是激励成本相当高。相对地，另一个被称为鱼缸激励法的实验则尝试通过低成本的奖励，击中人们对预测未来的心理需求，从而帮助毒品成瘾者成功戒毒。[23]

在实验中，所有来戒毒的受试者随机被分为实验组和对照组。两组戒毒者都被告知他们要进行为期12周的治疗，虽然治疗过程无疑是痛苦的，但只要坚持下来就能成功戒毒，重新开始美好的生活。对照组没有任何激励，而实验组的戒毒者清楚地知道，只要坚持完成12周的训练，就可以获得一次抽奖的机会。

在治疗过程中，实验组每天能看到一个巨大的透明鱼缸，鱼缸里没有水也没有鱼，而是装满了对折起来的小字条，就像一个抽奖箱。其中一半的字条上面印有中奖金额，如1美元、2美元、10美元，只有一张字条上印的是100美元。鱼缸中另一半的字条上印的是一些励志的语句，比如"做得好，再试试"等。也就是说，鱼缸里的"大奖"只有一个100美元，我们知道这样的获奖概率是非常渺茫的，更何况，100美元又能干什么？

但就是这样一个看似没有太大力度的干预，最后的结果非常显著：在没有抽奖奖励的对照组中，只有不到20%的戒毒者能够坚持下来，而有抽奖奖励的实验组中有80%以上的人"完赛"，而且他们目标明确，只为有机会抽中那张印有100美元的"大奖"。这个实验听上去似乎不是那么合情合理，很多人也许会觉得，金额如此之小，概率如此之低，怎么能够发挥这么大的作用？大量的相关实验在不同年龄段的成瘾人群中重复进行，最终研究者发现了人们如此喜欢惊喜的原因。

惊喜背后的秘密是我们每个人都逃不掉的心理模式——赌徒心理[24]，科学家把人们这种对惊喜的期待称为"奖赏预测误差"。也就是说，在人们预期之外的好消息会带给我们强烈的兴奋感，比如当人们拿到了比自己预估的要多的奖金时，或者当我们发现自己最爱的巧克力还剩下三块而不是一块时，我们会获得强烈的兴奋感。这种强烈的兴奋感并非全部源自多出的奖金和巧克力，而是实际奖赏和我们预期奖赏之间的差异。

一系列研究向我们揭示了一个非常有趣的心理现象，那就是想象未来是件令人很愉悦的事情。[25]也就是说，当我们在做白日梦的时候，绝大多数人会想象自己达成了心中的目标或者取得了向往的成功的情景，却很少想象我们以失败告终的模样。甚至很多时候，想象一件事比真正体验更让我们欣喜若狂。其后果是，我们会因此对真正可能出现的结果做出过高或者过好的预估，从而导致我们对未来怀有不切实际的盲目乐观与期待。其实赌徒心理在消费领域被巧妙地应用着，最为明显的例子就是近年来如火如荼的"盲盒经济"。盲盒形式的产品遍布生活的方方面面。从价格上来说，一个小小的玩偶动辄几十元，是什么让年轻消费者趋之若鹜？答案就是拆开盲盒那一瞬间的兴奋感，即对期待的那款玩偶或者是隐藏款的渴望，但开盒的结果往往令人失望。这类现象越来越普遍，例如电商平台设置了很多盲盒抽奖和福袋商品，都是对消费者赌徒心理的洞察和激发。

不确定性似乎给我们带来了一种矛盾的感受，既焦虑又惊喜。焦虑是因为不可预测和不可掌控，而一定程度的不确定性又给我们带来了惊喜，惊喜背后是赌徒心理。究其本质，赌徒心理是一种更为虚妄也更有野心的掌控感——我们都希望成为小概率有利事件的赢家，当胜利在望时，我们会对事件的有利结果和自身建立连接，从而获得"高阶"的掌控体验。尽管这种掌控感的本质是虚幻的，但我们仍然会觉得是自己掌控了结果。

心理学家曾经做过这样一个实验：他们对一家公司的内部员工发放了一批彩票，员工可以花1美元购买一张彩票，并有机会中得百万美元的巨额奖励。彩票号码可以机选，也可由员工自己选择。等员工挑选完毕后，心理学家让公司和员工协商，希望可以购买他们手中的彩票。结果机选彩票的转让价是1.6美元，而自选彩票的转让价是8.6美元。原因就在于，人们相信自选号码的中奖率一定会高于机选号码。

不仅如此，在生活中，我们也自觉或不自觉地被赌徒心理控制，影响着情绪和决策。我做过一项有关赌徒心理的实验，研究的是一款叫作"猜延误"的飞行管理软件。这款 App（应用程序）的一项功能是在航班起飞之前的一定时间内，用户可以使用积分下注，来猜一猜航班会不会延误。根据航班的时间与飞行距离，用户每次可以下注的点数不同，相对应的"盈利"也会不同。比如，一趟从北京飞上海的航班需要下注 200 点，飞机延误了 20 分钟后可以回本，用户会随着延误时间的增加获得更多的点数。每个用户积累的点数不能提现，但可以在网上商城里兑换礼品和权益。

从实用的角度来说，很多人和我一样，可能从未实际使用过这些点数。作为研究者，我将自己作为实验对象来观察自己心态的变化。不得不坦白的是，即便我知道这只是一个实验，我也发现，凡是我不下注的时候，我一定会希望航班正点起飞，但只要我一下注，飞机的延误就会让我感到兴奋。当然，我不会因为要赚取更多的点数而希望航班无限期延误。但在这个过程中最有趣的发现是，延误时间的长短对我的兴奋度的影响是不一样的。

还是以北京飞上海的这趟航班为例，最让我兴奋的时间点就是在飞机延误 20 分钟左右的时候，如果恰巧当时飞机开始滑出跑道，我会特别激动。为什么是这个时间点呢？尽管赢得点数对我来说没有实质意义，但是"胜利在望"的这种感觉足以让我兴奋无比，这就是多巴胺带给人们的生理反应。人类和动物一样，都是喜新厌旧的物种。我们的大脑会对新鲜的事物产生兴奋感，新鲜的东西带来惊喜，多巴胺的大量分泌会使我们感到开心，由此会让我们产生更多的欲望。但对多巴胺的上瘾往往会把我们带入一个不断追寻惊喜的误区，因此我们需要了解这个既熟悉又陌生的老朋友（多巴胺）是如何运作的。

多巴胺的迷思

当前人们对焦虑的探究都避不开一个核心议题：金钱、焦虑与幸福之间的关系。金钱能不能让我们快乐？是不是越有钱越快乐？有没有收入拐点？对很多企业家来说，在已经实现了财务自由之后，继续增加财富还会不会带来快乐？

过去几十年的研究告诉我们，收入与幸福之间的关系会遵循边际效益递减的原理：随着收入的增加，幸福程度一开始会增加得很快，但在我们的收入超过"幸福拐点"以后，边际递减效应就会很明显，再多的钱也不会让人感觉到强烈的幸福感。越来越多的证据表明，世界上非常富有的人，不一定比普通人幸福。心理学家塔斯尼姆·阿克巴拉利的调研指出，很多人的抑郁症是由于过度的生理满足而产生的不愉快所造成的。而且研究也表明，当一个国家变得越来越富有的时候，焦虑症、抑郁症和其他类型的精神疾病也会增加。

从国民经济指标的角度来看，我们可以看到很多发达国家的国民幸福指数堪忧。比如美国、日本、韩国的 GDP（国内生产总值）和人均 GDP 排名都很高，但在这些国家中，抑郁症患者的比例反而高于其他经济排名靠后的国家。清华大学心理学教授彭凯平特别提到"幸福拐点"这个概念。研究数据显示，当一个国家的人均 GDP 达到 3 000~4 000 美元时，随着国家 GDP 的增长，国民的幸福感会呈现出明显的上升趋势。[26] 但当一个国家的人均 GDP 达到了 8 000 美元，即跨过幸福拐点后，国民幸福感与经济发展水平的相关性就消失了，取而代之的是人际关系、平等、公正等一系列指标。同理，欧美国家多年追踪性研究给出了人均年收入的幸福拐点——当人均年收入达到 75 000 美元，折合人民币约 50 万元时，收入带给人们的幸福效益就趋于饱和，即收入带来的幸福边际效益趋近于零。[27]

然而，几十年的研究成果在 2021 年迎来了新的挑战。2021 年年初发表在《美国国家科学院院刊》上的最新研究否认了这一拐点的存在，这项研究分析了 33 391 名美国成年人收入变化和幸福感之间的关系，发现 75 000 美元这一幸福拐点并不存在，即便在超过这一拐点之后，家庭收入和人们的幸福感以及对生活的满意度依旧呈现上升趋势，从而直接驳斥了超过某个临界点，金钱带来的幸福感边际效益递减的结论。[28] 这个研究成果一经发表，引来很多人的关注。大家由此无比兴奋，认为原来真的是越有钱越快乐。当然，这个研究成果刚刚发布，其研究样本仅有美国一个国家三万多人的数据，与过往在多个国家针对几十万甚至几百万人口进行研究的样本量相比还比较少，我们可以期待后续研究带来的新的发现。但与此同时，多巴胺的迷思还是需要被解开。

真的是越有钱越快乐吗？我遇到过的让我觉得最不可思议的一项研究是：在一项覆盖了2 000名美国人的匿名调研中，大约25%的受访者愿意为了得到1 000万美元，而放弃他们的整个家庭；还有25%的受访者会为了这1 000万美金离开自己加入的教会。[29]我们暂且先不去质疑以2 000人为样本的调研结果是否具有普遍性，但我们的确知道，很多人由衷地向往财务自由。也有人会说，金钱并不是快乐的源泉，让人快乐的是奋斗，而金钱是奋斗的结果，因此很多中外企业家即便在早已实现财务自由的前提下，仍然持续奋斗。无论哪一种情境，都和影响情绪的一种重要神经化学分子——多巴胺有关。

多巴胺是我们非常熟悉的一种化学分子，与预期和可能性相关，其常被称为"兴奋素"。虽然我们的大脑中只有二十万分之一的脑细胞生产多巴胺，但这些脑细胞会对人类的行为产生巨大的影响。在我们产生欲望，并开始憧憬欲望得到满足的情景时，多巴胺会大量分泌，比如当你看到了喜欢的人或想到马上能吃到自己最喜欢的食物时，都会刺激多巴胺的分泌，相当于给自己抛出了甜蜜的诱惑。多巴胺虽然美妙，但它有两个让人困扰的特性。

第一个特性是"来得有点儿早"。洛蕾塔·格拉齐亚诺·布罗伊宁博士在《快乐大脑的习惯》一书中向我们揭示出，当人们期待收获，期待被奖励、被肯定，尤其是感到"胜利在望"的时候，身体的多巴胺会急剧增多。以晨跑10公里为例，多巴胺在整个跑步过程中都会分泌，但在最后的 1 公里即将到达终点之前会达到巅峰。相信大家都有过这样的经历，在长时间为了实现某个高难度目标而艰苦奋斗时，原本以为自己达成这个期待已久的目标之后一定会特别兴奋，但实际的情况是，在我们真正达成目标之后，兴奋程度往往没有自己预想的那么高，有时反而觉得很平静，甚至感到空虚。这正是因为多巴胺已经在目标即将达成的时候，让我们感受过了最高程度的兴奋。

第二个特性是"去得有点儿快"。由多巴胺带来的兴奋并不持久。新鲜的事物会刺激多巴胺的分泌，但多巴胺会被迅速代谢掉。因此人们需要寻找新的惊喜和刺激。这里要特别注意的是，多巴胺有很强的适应性。从某种程度而言，多巴胺的适应性也反映出人类进化过程中所形成的较强的适应能力。比如人进入黑暗的环境，眼睛可以迅速适应，触觉会变得更为敏锐。有些盲人在很长的一段时间内，心理上并不认为自己失明，只是觉得自己所处的环境光线不好，他们还可以继续持有和自己失明前同样的生活技能。[30]

与此类似的心理学实验发现，一个因车祸腿部骨折的人，与一个中了 100 万元彩票大奖的人，在事件发生后的三个月，两者感受到的幸福指数并没有太大区别。[31] 遗忘是人类的天性，时间确实能够平复伤痛，但也会冲淡幸福。研究发现，通常情况下，人类除了至亲亡故的几乎所有不幸遭遇，包括挫折和失败给人们带来的负面影响，在三个月之后都有可能消失。人们往往会高估不幸事件对人的影响。同理，强大的适应能力也让我们通常会高估自己从某一外部事物中持续获得快乐的可能性。

既然多巴胺有适应性,如果人们贪恋多巴胺带来的愉悦体验,想要产生同样程度的兴奋和快乐感受,应该怎么办?方法有二。第一个方法是加量刺激。假设某人今年拿到了10万元的奖金,兴奋程度是100,如果明年想保持同等水平的兴奋程度,他就要挣更多的钱,从这个意义上说,多巴胺的特性支持了"越有钱越快乐"的结论。因此,多巴胺给我们大脑的主要指令就是"我想要更多"。但问题在于,我们不可能持续不断地挣更多的钱以保持同等的兴奋度。一旦金钱增长的幅度没有达到预期,我们不但不会满足,反而会有失望的感觉。这也说明,很多企业单纯依靠奖金留人的机制为何无法激发员工的持续忠诚度,除非企业能提供源源不断且与日俱增的奖金。受多巴胺驱动的欲望会使人们有永不知足的想法。

既然加量刺激的方法有局限性,那么多巴胺工作机制中还有第二个方法,就是"喜新厌旧"。人类天生就是喜新厌旧的,我们喜欢盯着自己没有得到的东西,因为大脑只对新鲜事物产生兴奋感,这些欲望对象会刺激多巴胺的分泌。但如上所述,多巴胺很快会被代谢掉,所以人们渴望各种各样的惊喜,寻找新的刺激。因多巴胺的适应性而造成的快乐衰减是无法避免的,因为人的大脑天生倾向于关注短期的生存,而不是长期的幸福。

由此看来,无论是加量刺激,还是喜新厌旧,都涉及多巴胺的一个核心问题,那就是"适度"。多巴胺不仅是人们欲望的来源,也是韧性的来源,适量的多巴胺为我们提供了达成目标的意志力。意志力如同肌肉，过度使用后如果没有能够及时得到补充，就会被消耗殆尽。在实验中，老鼠在被注射了抑制多巴胺产生的药剂后，它们努力按动实验装置中的杠杆以获取食物的意愿，比体内正常分泌多巴胺的老鼠显著降低。也就是说，多巴胺的适量分泌驱动了努力这种行为。在人们不断体验胜利在望、不断达成目标的过程中，我们每一个微小的胜利都会刺激多巴胺的分泌，从而促使人们更愿意相信自己能够取得最终的成功。从这个层面来看，适量的多巴胺也是持续小赢，是推动韧性飞轮不断运转的重要动力。

但是，多巴胺从适量到过量的代价也显而易见。这和心理学家发现的矛盾现象不谋而合：人们越是看重幸福，生活就越不幸福。甚至有证据表明，过度重视幸福感是导致抑郁症的一个风险因素。这就是为什么在《重新思考》一书中，亚当·格兰特对此进行了分析，他给出了4种解释：一是西方社会普遍把幸福作为个体状态的观念，让人们感到孤独；二是当我们在追寻幸福时，我们忙于评判生活而没有真正地体验生活；三是当我们追求幸福时，我们以牺牲目的为代价，放弃意义感而过分强调快乐；四是我们花了太多时间追求幸福感的峰值，而忽视了一个事实——幸福更多地取决于积极情绪的频率，而不是它的强度。

因此，外部物质刺激的两面性在于，适量的多巴胺让人们体验到快乐的感觉，但是完全通过改善外部环境或者依赖外部物质以增进幸福被"积极心理学之父"塞利格曼比喻成"幸福跑步机"（见图3-3）。这个比喻指人们只有不断遇到好事（比如更多的钱或者更新鲜的刺激），才能维持原来的幸福水平。就好像我们在跑步机上不停地奔跑，看似跑了很远，却一直停留在原地。"欲壑难填"，一味地向外寻找，追求即时幸福的满足，结果只会是惊喜越来越少，无聊和焦虑越来越多。要想跳出欲望和焦虑的无限循环，更好的选择是追求持久的意义（有关"持久意义"的内容将在第三部分详尽阐述）。

图 3-3 幸福跑步机

通过本章元认知的启发，我们开始意识到复杂的心理过程是"分层"的，有些机制和模式是表层的，有些则深埋在心中。在这当中，情绪就是表层的心理状态。面对普遍弥漫的焦虑情绪，我们发现了掌控感对焦虑的缓解作用，也找到了驱动幸福跑步机和惊喜的动力。自我觉察的层层深入，有助于我们摆脱表层情绪的影响，探寻内心长久幸福的源泉。这也是我们提升韧性、持续成长的根本动力所在。在下一章，我们将进一步发掘不常被我们觉察的心理过程——归因模式。

韧性认知

▶ 自我认知就像是一个一层一层地打开套娃、不断接近本我内核的过程。

▶ 不确定性似乎给我们带来了一种矛盾的感受，既焦虑又惊喜。对多巴胺的上瘾往往会把我们带入一个不断追寻惊喜的误区。

▶ 因多巴胺的适应性而造成的快乐衰减是无法避免的，因为人的大脑天生倾向于关注短期的生存，而不是长期的幸福。

▶ 追求即时幸福的满足，结果只会是惊喜越来越少，无聊和焦虑越来越多。要想跳出欲望和焦虑的无限循环，更好的选择是追求持久的意义。

韧性练习

1. 你焦虑吗?

图 3-4　焦虑度测评二维码

扫描图 3-4 焦虑度测评二维码，不论你测出的焦虑行为倾向得分高低，需要提示的是，在心理状态的测评中，时间的限定是"过往 14 天"，这是由于心理状态会受到环境和事件的即时影响，短期内可以产生很大的波动。当你进行问卷测评时，在安静的环境中作答和在演唱会现场，或者在追悼会的现场作答，分数会有很大的不同。即便是在同样的环境或同一天中，我们的心理状态也会存在差异。更值得注意的是，自填量表的目的是筛查和评估，而不能作为诊断和临床的工具。因此，你看到的测评结果显示的只是行为倾向，并不能成为诊断、治疗或放弃治疗的依据。一般情况下，当心理状态是可以理解的，特别是当自己清晰地知道是什么引起了现在的焦虑倾向，这种倾向已经持续了多长时间，在可预见的未来是否会得到改观时，你就不必过度担心。但如果目前的这种焦虑倾向是原因不明、不可理解的，而且在未来 7~14 天内，不但没有任何缓解的迹象，反而还在不断加重，我们鼓励你到专业机构进行咨询和求助。

2. 尝试拆开自己的套娃（见图3-5），回答表3-1中的问题。

表3-1 自我套娃拆解

问题	你的回答
你能清晰定义自己的内核吗（你的自然本我是一个什么样的人）	
你的内核外目前有几层外套 每一层外套代表了一种什么样的角色	
哪些角色是你可以掌控的 哪些角色令你非常被动	
你有不为人知的保护层——心理防御外套吗 如果有，它是怎么形成的	
还有哪些外套和角色是你可能没有认知到的	

*在你尝试回答每个问题的同时把下图中自己的套娃分解出来，思考一下，哪一层的自己最能代表目前阶段的你?这是你期望的状态吗?是与不是都不重要，这是一个觉察的过程。把自己的套娃先放置于此，继续下面各章节的阅读。记得等你读完第7章，构建出自己的意义树雏形后，再回来反思一下自己的套娃，重新审视和思考：你的内核是什么?目前的外套是过于臃肿还是太过单薄?哪些外套应该被改变或是被去除?当你再次回顾时，或许你现在的认知都会发生很大的变化。

角色1:

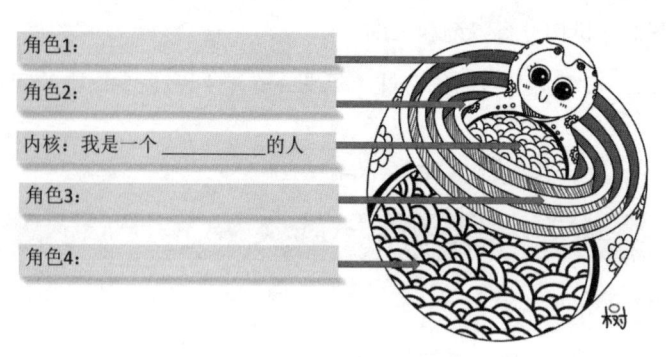

角色2:

内核：我是一个 _____ 的人

角色3:

角色4:

图 3-5　自我套娃角色分析

3. 请回顾过去一年中让你感觉"成瘾"的事情，思考一下，你有被多巴胺"奴役"吗？各种惊喜和增加多巴胺的分泌都不是持久快乐的根本，向内看才是关键。如何向内看？让我们来开启下一章。

第 4 章 你为何经历这一切

> 自暴者，不可与有言也；自弃者，不可与有为也。
>
> 《孟子·离娄章句上》

个人控制理论为大家揭示了韧性的原力是掌控感。人类天生就带有强烈的控制欲，并会自然地将这种欲望带入日后的工作和生活。研究表明，如果人们在某个时期失去了控制能力，就会变得郁郁寡欢、焦躁不安。持续不断的失控感会使人们陷入习得性无助，从而在面对人生困境时选择放弃。但这里需要重申的是，人们对于掌控感的认知是从过往的经验中习得的。也就是说，无助可以习得，同样掌控感也可以在不断训练自我觉察和提升客观认知能力的过程中习得。

提升认知与探究自己在想法和事实之间的觉察能力息息相关。我们时常将自己的想法与事实混为一谈，认知混乱产生于人们陷入自己的想法而无法觉知事实的过程中。情绪源于想法，进而作用于我们的行为。与认知混乱结伴而行的是强烈的失控感。在上一章中我们详细阐述了与掌控感息息相关的一种最常见的情绪——焦虑，同时了解到焦虑的三种思维模式，即无法忍受不确定性、完美主义和过度负责。人类大脑在进化过程中为了适应生存，天生倾向于关注负向事件和负面情绪。一定程度的焦虑帮助我们在合理范围内产生压力，从而避免盲目乐观并促进目标的达成。但过度关注负面事件给我们身心带来的影响是长远的，焦虑、抑郁和其他类型的精神类疾病只是不同形式的表象，究其根本，更深层次的原因是人们面对任何有利或者不利事件时习惯性的思维和解释方式。

心理学在过去几十年的研究中最重要的发现之一就是：人们可以选择自身想要的思考模式。然而，其中一个非常重要的前提是，我们首先需要意识到自己目前处于什么样的思维模式。正如塞利格曼所强调的，即便是悲观的风格也可以被改变，但遗憾的是很多人并没有意识到自己正处于悲观的状态。

现在让我们回忆一下在第 2 章中讲述的一系列有关习得性无助的实验。受试者（无论是狗、老鼠还是人）在第一阶段的实验中经过多次尝试，逐渐丧失了对电流或者噪声的掌控感，这种不断重复的经验内化成"无论做什么都无济于事"的固定思维模式，从而习得无助并停止尝试。即便在其他情境中，当无助的受试者可以有控制力的时候，他们也同样轻易选择放弃。

但是，实验中有一个不可忽视的事实，那就是无助组中的受试者并没有全部都表现得很无助。在最初的实验中，不可逃脱组的 8 只狗中只有 6 只狗在第二阶段的电击中选择忍受，没能跳过隔板。同样，7 天后在重复第二阶段的穿梭箱电击实验时，这 6 只狗中的 5 只在 10 次电击中没有一次成功逃脱，但还有 1 只狗逃脱了电击。1971 年，裕人首次在人类身上尝试的噪声习得性无助实验中也发生了类似的情况。裕人发现，在无助组平均每 3 个人中会有 1 个受试者从未表现出无助，而在从来没有经历过噪声干扰的对照组，平均每 10 个人中也会有 1 个人从一开始就采取放弃的态度。也就是说，即便从来没有受过挫折，无须任何实验诱发，他们也会直接表现出无助，从而放弃尝试。为什么面对同样的不利事件，人们会做出不同的解释，从而导致巨大的行为差异？这就是对于我们发展深层次自我认知中一个非常重要的概念——归因模式。

归因模式

为了更好地理解本章内容，建议你在阅读下文之前先完成图 4-1"解释风格测评"[①]，这样不仅不会影响你的思维预设，还能得到更加准确的测评结果。

[①] 该测评根据塞利格曼《活出最乐观的自己》的全版本解释风格测评进行了简化，聚焦希望水平。

图 4-1 解释风格测评

归因模式是指当事情发生时一个人习惯性的思维和解释方式。这种思维和解释方式通常是在童年时期或青少年时期形成的。人们的归因模式反映出这个人是乐观主义者还是悲观主义者。归因模式包括永久性、普遍性和个人化三个维度。当一件好事或者坏事发生的时候，永久性代表的是你会觉得这件事的发生是永久性的还是暂时性的；普遍性代表的是你会认为它将影响到生活和工作的方方面面，还是仅仅是单独的事件；个人化则代表了你是否会将其归因于个人因素。

根据塞利格曼的理论，如表 4-1 所示，当好事发生的时候，乐观主义者的思维模式是这样的：他们会认为好事时常会发生（永久性），同时会发生在工作和生活的不同领域（普遍性），但好事并非天上掉馅饼，好事的发生与自己的能力等个人特质有关（个人化）。因此，好事的发生在不断加强乐观主义者对所做的每一件事情的信心。与之相反，当好事发生的时候，悲观主义者会认为好事是暂时的，不会再发生（非永久性），好事是特定情境的结果，不会在其他领域发生（非普遍性），同时好事的发生与自身没有关系，都是他人和环境造成的（非个人化）。

反之，当不好的事情发生时，乐观主义者通常认为导致挫折或者不利事件的原因是暂时的、可变的、局部的，他们不会轻易感到无助，也不会把工作中遇到的挫折、问题和不愉快带回家。但悲观主义者会认为导致挫折或者不利事件的原因是永久的、不能改变的、全盘性的，因此非常容易陷入无助的境地。坏事可大可小，小到因为忘记缴费而被停机这样的生活琐事，大到任何灾难性事件，包括重大意外、严重侵害、自然灾害，以及疫情或重大疾病等。

表4-1 解释风格[2]

三个维度	乐观的解释风格 G(当好事发生时)	乐观的解释风格 B(当坏事发生时)	悲观的解释风格 G(当好事发生时)	悲观的解释风格 B(当坏事发生时)
永久性 时间维度	永久性 好运与永久性因素如人格特质、能力相关 "总是"	暂时的 坏事是短暂且可改变的 "有时候""最近"	暂时的 好运与暂时性因素如情绪、努力相关 "有时候""今天"	永久性 坏事是永久存在并会不停发生 "永远""从不"
普遍性 空间维度	普遍的 好事发生在方方面面	特定的 失败后继续坚持	特定的 好事的发生都是有特定原因的	普遍的 失败后放弃
个人化 如何看待自己	个人的 相信自己带来好运	非个人的 他人或者环境原因造成的局面	非个人的 好都是别人带来的或是环境造成的	个人的 是自己导致现在不利的局面

相较于乐观主义者，悲观主义者更容易沮丧，无论在工作中、学习中还是在赛场上都不能充分发挥他们真正的潜力。在三个维度中，永久性代表的是时间维度，普遍性代表的是空间维度。塞利格曼指出，悲观的归因模式是人们无法提升心理韧性的原因，

因为悲观主义者对不利事件的永久性归因将无助感延伸到了未来，对不利事件的普遍性归因将无助感扩散到生活中的各个层面。此外，悲观主义者习惯性地对不利事件进行不可改变的与个性有关的解释，从而将自己禁锢在固定型心态中。比如考试不及格，悲观主义者会归因为自己的人格特质——"我就是这么笨，每次都考砸"，而不是"我这次没有努力""没有准备好"这些特定的原因。归因的持续强化导致悲观主义者一旦失败就轻易放弃，这就是典型的"习得性无助"。

需要说明的是，在解释风格领域，前几十年是以西方人为主要研究对象的，因此个人化的维度容易被过度重视，也由于文化差异，在应用中容易产生一定程度的质疑。在以欧美受试群体为主的研究中，乐观主义者认为坏事应该更多地归因于外部因素。在这一点上，中国研究者倾向于自我批评。很多人看到乐观主义者把不幸归结为外在因素的第一反应就是：这不是典型的推卸责任吗？其实，是否追究个人的责任，需要把握程度和优先级。当坏事发生的时候，我们应该客观地分析原因，找到解决的办法，而不要过度责怪自己。因为"事实最大"，后悔已经来不及，找到更为积极的应对方式并重新开始才是正确的解决途径。

我们知道，不同国家的文化、历史、教育、社会思潮都不相同，文化的不同决定了个人在思维模式上的显著差异。所以，即便是在塞利格曼的完整版测试[1]中，个人化维度的分数我们也可以暂时忽略。也就是说，如果从个人化维度测出来的结果是悲观，我们也不用大惊小怪。由于上述原因，塞利格曼指出在归因模式的三个维度中，永久性和普遍性的解释风格是人们应对失败后得以复原的最重要的两个维度。因此，在本章开始时你填写的解释风格测评是塞利格曼原始量表的简易版本，只涉及永久性和普遍性这两个维度。而这两个维度的分数相加被称为一个人的"希望水平"，即当你面对不幸事件的时候，是不是还能对未来抱有希望，这是人们心理状态和心理韧性的重要预测指标。

悲观是一种心理上的防御性习惯，悲观使人们容易陷入无助，从而导致掌控感的丧失。悲观主义者习惯性地在遭受挫折时将自己滞留在最具毁灭性的原因中不能自拔。因此，盲目悲观和适度乐观分别是习得性无助和掌控感的放大器。在与掌控感相关的一系列概念中，悲观带给我们的影响也同样是非线性的。具体而言，轻度悲观和轻度焦虑一样，不一定是坏事。轻度悲观可以帮助人们用正确、客观的判断，避免做愚蠢的决定，在诸如审计、法律、财务、成本控制等领域尤为重要。我们每个人都需要学会在乐观和小心谨慎的现实主义之间达成平衡。

这里我想和大家分享一个小故事。在一个修改书稿的晚上，我到了一直帮我治疗颈椎的针灸医生那里，为了缓解因为长时间以一个姿势敲击键盘而导致的脖颈僵硬。但是，我的针灸医生是位盲人。很多人看到这里也许非常吃惊，不知道如何把针灸和盲人建立起联系。是的，这位赵医生是个盲人，他不仅手法高超，而且在我接触到的人中，他是非常乐观的。每次去到他的诊所（那个开在一个老旧小区底商的、只能摆放三张治疗床的地方），我都会觉得我不仅是去治疗身体上的不适，也是让他在帮我做心理愈疗。赵医生非常乐观，我总会和他唠叨一些我思考的问题，而每次他都能用他独有的方式帮我解开思绪的结节，就像他能神奇地把我脖子和腿部的一个又一个肌肉僵硬的部位全都舒缓开一样。

那天晚上，我是到诊所进行治疗的最后一个人，我一边接受治疗一边小心地询问："赵医生，你介意我再问问你眼睛的事情吗？"其实很久以来，我早已知道赵医生的一只眼睛天生眼盲，另一只眼睛有40%的视力。后来由于视网膜脱落，他选择做手术搏一把，如果手术成功，他就能保住一只眼睛，而且说不定视力还能提高。但遗憾的是，手术失败了，他变成了全盲。我一直以为赵医生天生就是乐观的，但其实他也经历过生死的考验。"完全不介意，"赵医生说，"在手术失败后，其实我有几个月挺难过的。有两件事我记得特别清楚。一件是做完手术后的第一场大雪，我突然意识到自己再也看不到雪了，当时心里难受得不行。但更让我难受的是第二件事，手术做完一段时间后我晚上做梦在看《西游记》，等醒来的时候突然想到，完了，我再也看不到孙悟空了，一下子我就觉得没劲了，消沉了挺久。后来我就告诉自己，要不就算了，但要活，就必须好好地活！"

我非常惊讶地问赵医生："你曾经想到过结束生命吗？"他说："当然了，孙悟空都看不见了，还怎么活？但后来我回到医院，又工作了两个月，发现我还能扎针，只不过原来几秒钟能完成的事现在要慢一些，但不影响我的准确度。"说到这里，赵医生把最后一根针扎到我的膝盖上，一股酸胀感瞬间冲上我的脑门。

"所以我就又重开诊所，我想着，既然决定活，就必须活好每一天，我要尽全力帮我的每一个患者解决问题，让他们更开心地活着，这就是我的希望。"我回家时已经是晚上9点半，四环路上的车流还是穿梭不息，看着眼前的一切，感触颇多。

以往大量研究显示，过度悲观和抑郁之间有较强的正相关关系。[3]但希望与乐观相关联，成为预测人们身心健康的重要变量。基于塞利格曼的分析，每个人对好事的解释风格与心理状态的相关性不强，但对坏事的解释风格会直接影响人们的心理状态。[4]如果你测量出的希望水平是悲观的，不用急于质疑测评结果是不是准确。我在课堂上发现很多企业家学员在看到测评结果后的第一反应就是："不可能，我怎么能是悲观的呢，我从来都是非常乐观的！"这就是典型的思维定式在作怪，也是我们把自己藏在套娃中的某一层舒适圈，不愿意用成长型思维认知自我的表现。

给大家分享一个我身边发生的典型案例。一位自认为非常乐观的企业家学员，带着惊讶的表情，拿着自己"非常悲观"的测评结果找到我说："教授，你看，这个结果肯定有问题，我平时总是很开心的。"首先，乐观和开心不是一个维度的概念。乐观是指一个人对于未来的正面看法，倾向于相信在生活中人们会经历好的而不是坏的结果。[5]而开心是心情的舒畅和愉快的感受。我并没有顺着这位企业家学员的思路再次强调说结果一定是对的，我只是和她开始闲聊了起来。在聊天的过程中，我抓住了她思维模式中一个非常有趣的倾向，那就是她聊到自己有个"良好"的习惯（是的，她强调说这是她生活中一个非常好的习惯），她的每个重要家庭成员都有很多份重大疾病保险。只要任何家庭成员遇到不利事件，比如她提到的她儿子骑车摔倒造成的骨折、她自己的一个小手术、她先生的胃反酸等，她就会给每个人追加一份重大疾病保险。

按照我们上面讲述的归因模式，你会发现这是典型的悲观风格，她潜意识里认为，坏事会接连不断地发生（永久性），并且一方面出现问题，其他方面也会有问题，而且可能是大问题（普遍性）。核心问题是，她本人并没有意识到其实自己长期使用悲观的归因模式。我用不断提问的方式让她自己把问题说出来。我们那次的聊天中有过一段将近两分钟的静默停顿，这让我印象特别深刻，因为她进入了反思。两分钟后，她说："谢谢教授，我以后还真的不能再跟我儿子说'你要考试都不行，以后还怎么找老婆'！"她的一句口头禅，把永久性、普遍性和个人化三个维度的悲观归因模式全部纳入囊中，相信很多为人父母的读者也被击中了。

努力去改变悲观的归因模式至关重要。研究告诉我们，母亲的归因模式会直接影响到孩子是乐观的还是悲观的。非常有趣的研究结果是，孩子的归因模式与父亲的归因模式不相似，却与母亲的极为相似。因此，归因模式不是遗传来的，而是孩子从父母身上习得的。[6]但这里并不是说父亲可以就此当甩手掌柜了。对于一个人归因模式的养成，儿童时期非常关键。

研究显示，儿童时期的归因模式在7岁之前形成，并且在之后逐步定型。当孩子犯错的时候，父母能否用正确的方法进行批评和纠正，也会直接影响到孩子的归因模式。具体而言，如果父母长期采用永久性、普遍性和个人化的批评方式，那么孩子对自己的看法就会逐步转向悲观。因此，在有清晰、准确的规则且这些规则可以在实践中应用的前提下，我们要选择用乐观的归因模式批评孩子。其中，就事论事很重要，不要过多使用"一天到晚""成天""总是"这样的永久性表达。如果孩子失败了，和孩子一起客观地分析并找到原因，告诉孩子：这一次你失败了，并不是因为你能力不够，也不是笨，可能是一些其他的因素，比如没有重视考试、没有认真准备等。毕竟一次没考好，并不意味着以后都考不好。即便学习成绩一直都很差，这和以后是不是能娶到老婆，又有什么直接关系呢？

　　学习乐观的归因模式不仅仅是为了培养孩子，这种思维模式关乎我们每个人的身心健康。好消息是，乐观的归因模式是可以习得的，即便是悲观的风格也是可以被改变的。还记得我们在第 2 章中为大家介绍的"经验依赖性神经可塑性"这个术语吗？大脑可以被训练，因为大脑会记住我们反复告诉它的话和反复进行的行为，并将这些想法和行为连接到我们的潜意识。因此，如果你不断习得悲观，你的大脑就会习惯性地进入悲观的自动驾驶模式。相反，如果你能够有意识地进行认知改变，在遇到不利事件时，以非永久性和非普遍性的思维模式进行思考，经过反复实践后，这种习惯也会进入潜意识区。经验会直接影响我们每个人的神经系统，而经验又取决于我们有意识的关注和选择。在持续监测自己解释风格和思维模式的时候，我们可以尽量多地在大脑中植入一些正向的思维，植入得越多，正向的体验就越多。持续性的、微小的思维和行为模式的改变能够像杠杆一样撬动整个思维模式的改变。

坦诚地说，我曾经经历过一段相当长时间的悲观期，有两年的时间需要心理医生的干预。看到这里，很多人会为之一惊。我的很多学员起初也不敢相信："等一等，你看了两年的心理医生？"不用惊讶，其实现实中有类似经历的人、有类似感受的企业家很多，区别在于你是否敢于面对，是否选择分享。北京协和医院心理医学科主任医师魏镜在央视节目中说过，心理疾病不是通过仪器、测试、指标查出来的，它一定是自己说出来的。同样，彭凯平教授的团队在新冠肺炎疫情防控期间发起了为期120天的公益心理热线的援助。他们发现，在138个严重的心理病例中，只要是打电话寻求帮助的人基本都得到了有效救治，而出现大问题的人，往往都是自己固执地死撑到底不去求助的。彭凯平教授分享道："一个人只要愿意拿起求助电话，其实心理疾病就已经好了一半了。"

回到悲观的归因模式，我为什么会悲观？为什么要看心理医生？有关我自己的故事，曾经那个被虐待过的小女孩是如何重新被遇见，那段封存的黑暗记忆是如何被打开，我又是如何开启心中洒满阳光的韧性之旅的，我把悬念留到第5章慢慢和大家讲述。第5章还有一个你意想不到的秘密要告诉你（现在不要着急翻到第5章，请一定先把本章读完）。

在这里，先告诉大家，我曾经极度悲观，在转变解释风格初期，我使用过的一个最简单的练习，就是把上文解释风格的总结表打印出来很多张，放在书桌明显的位置，放在平时经常会停留的地方，比如喝茶加热水的地方，甚至我还放一张在包里随身携带，在超市排队买单或者任何我自己认为适合的时候就看一看。这样做的好处是，它会帮助我在事件发生后、采取行动前，创建出一个短暂但有效的思维停顿空间，让自己放缓习惯性的悲观归因惯性，采取没有任何觉察性的自动化行为。当我能够逐渐意识到，自己又一次陷入了永久性和普遍性的归因模式时，情绪被想法劫持的概率就会慢慢降低，乐观归因渐渐习得。虽然是一个小且简单的练习，但强化效应理论揭示出：不要忽视微不足道的小胜利，只要类似的小胜利持续地发生，边际收益的聚合就会随之而来。

这里需要再次强调，当我们在训练自己的大脑进行客观归因时，正确方向的持续小赢带给我们的是丰厚的复利。大家试想这样一种情形，假如我们在工作中遇到了一件特别烦心的事情，不同的人可能会选择不同的方式进行排解，比如锻炼、购物、睡觉、追剧、打游戏，甚至喝酒，但还有一些人（女性居多）非常喜欢做一件事——找人"吐槽"。吐槽到底好不好？适度倾诉可以帮助我们缓解压力，但是反复地、过度地进行吐槽会适得其反。

斯坦福大学的心理学家苏珊·诺伦-霍克斯曼教授将这种强制性的分析行为定义为"反刍"，即反复咀嚼不如意的事情。[7]研究发现，悲观的反刍者更容易患严重的抑郁症。[8]因为当受到无助感的侵扰时，悲观主义者容易陷入永久性和普遍性的归因模式，因此他们会认为不仅现在无助，未来同样无助；不仅眼前这件事情让他们束手无策，他们对其他事情也会无能为力，这种预期便容易引发焦虑和抑郁。而悲观的反刍者会不断强化这种预期，沉浸在不利事件中不能自拔，启动了恶性循环，反刍则加速恶性循环，最终使得悲观的反刍者陷入"灾难化"[①]模式，即把一起很小的不利事件无限夸大到重大灾难的地步。

任何人如果长期进行反刍都是不利的。一个值得我们了解却不常提及的事实是，心理医生本身也是容易患心理疾病的。这一点不难理解，当一个人的工作涉及反复接触、反复分析各种让人抓狂的心理问题时，如果个人本身没有受到系统性的训练，或者没有能够长期习得乐观的归因模式，那么这个人患心理疾病的概率就会大大提高。实际上，心理治疗师的培训流程要求他们必须接受一定时间的心理治疗，累积接受治疗的时间，也会被计入为了获得行医执照所必须接受训练的时间。在接受心理治疗的过程中，心理治疗师不仅能够缓解自己的焦虑，更重要的是，他们能够学会根据不同患者的背景、经历换位思考，设身处地去体会患者的感受，找到盲点，接受反馈意见并容忍不适感。[9]

同理，一些长期面对不幸事件的职业人士，比如急诊室医生、消防队员和报道灾难事件的记者，都需要心理关怀和疏导。除此之外，每天花大量时间接投诉电话的客服人员也会出现类似的情况。当他们的工作就是重复地倾听客户的不满和投诉时，如果这个人本身比较悲观情绪，不能有效纾解情绪，他便很容易走向悲

---

① 灾难化是一种认知扭曲，指个体想象消极事件的最坏结果。

观式反刍。长时间的悲观式反刍通过灾难化的强制性分析，使他们容易患上各种各样的心理疾病。值得欣慰的是，国内一些企业已经开展了针对客服人员的心理关怀和帮助计划，我们在调研中发现，有的餐饮企业在新冠肺炎疫情防控期间被迫暂停营业，它们通过国学和与传统文化相关的活动来提高员工的心理韧性和团队的凝聚力，比如亲子共学书法课程等，还有的企业开展了线上的健身课程，通过视频连线开展运动。

在我们漫长的人生中，很多人都会在某一时期出现一定程度的悲观，也会因为一些经历而变得乐观。面对坏事的发生，一个人乐观的解释风格是心理韧性的重要构成因素。如果你是一个悲观主义者，你希望变得乐观吗？在一些人看来，悲观和乐观可能是与生俱来的性格。另外一些人认为，乐观和悲观只是对具体问题的某种预测态度，无所谓好坏，因此不需要干预或是改变。在塞利格曼看来，乐观和悲观并不是恒定的人格特质，而是人们在长期经历中习得的一种对事件的归因和解释的风格，因此是可以养成和转变的。

研究发现，人们对好事的归因模式相对容易改变，但人们对于不利事件的归因模式在不经过干预的前提下相当稳定，有可能在 50 年间都不会改变。每个人都会同时具有乐观的和悲观的想法，习得性乐观的养成是一个全新的不断认知自我的过程，它需要我们用非消极的思考方式去改变具有破坏性的想法。非消极的思维模式不是单纯地像洗脑一般每天大声呼喊"明天会更好"，而是把持续小赢的思维方式贯穿到每天的行为改变和习惯中。因此习得性乐观并不是发生几次重大事件就能形成的，它取决于我们在日常工作、生活中主动使用乐观归因模式的频次。改变悲观归因模式的前提，是个体首先意识到自己习惯性的解释风格，了解归因模式背后的原理，然后采取持续不断的干预行为，有意识地进行反复练习。接下来给大家介绍两个可以有效改变归因模式的干预工具。

思维重塑

在打开工具包之前，我们首先要了解能够干预人们归因模式的认知行为疗法背后的原理。认知行为疗法是当前全球范围内应用最广泛的心理治疗理论学派之一。20世纪50年代，全球最具影响力的应用心理学家之一、美国临床心理学家阿尔伯特·埃利斯提出了理性情绪行为疗法，他被认为是认知行为疗法的鼻祖。20世纪60年代，埃利斯创立了认知行为疗法，并在晚年的论著中提出了这一理论，他不仅亲身体验了两种疗法，还通过50多年的研究和实践进行完善和检验，这一疗法是十分有效的自助式疗法。[10]

认知行为疗法的理论核心可以概括为：情绪源于想法，而情绪驱动行为。人们的任何一种情绪都是本身机体的生理变化、外部环境刺激，以及人体对外部环境刺激的反应三者交互作用的结果，而认知过程又起着决定性作用。在认知学派心理学家的眼中，人类个体并不是理性的动物，偶尔有情绪，而是感性的动物，偶尔会有一些思考。在咨询过程中，认知行为疗法要求心理咨询师帮助前来咨询的患者理解以下观点：正是自身的个人哲学，包括信仰和观念等，导致情感的痛苦。在大多数情况下，很多负面的情绪是非理性的、不符合实际的。比如某些焦虑的心理状态，"我必须完美"或"我必须被每个人喜欢"，都是自我塑造的结果。我们不仅可以构建这些情绪，也完全有能力消除或缓解这种焦虑心理。

认知行为疗法的核心方法是以埃利斯和精神病学家亚伦·贝克[①]共同提出的ABC模型为基础的。[11]在这个模型中，A、B、C分别是三个英文单词的首字母，其中A代表不利事件（adversity），B代表人们的想法（belief），即对不利事件的解释，C代表后果（consequence），包括人们的感受和行为。根据ABC模型，对B的反思和探讨是关键步骤。ABC模型最重要的意义是为我们揭示出，人们的感受和行为并不是由"不利事件"直接导致的，而是由我们对不利事件的想法和解释导致的（A→B→C）。也就是说，不利事件是通过想法和解释最终转化为感受和行为的后果，从而作用于我们身上。

经受同样不利事件的人很多，但并不是所有的人都会感到焦虑和抑郁。新冠肺炎疫情的暴发就是一起典型的不利事件，我和研究团队在2020年的2月进行了一次社会问卷调研，旨在了解

[①] 亚伦·贝克，美国精神病学家，他被心理学界视为"认知行为疗法之父"。他开创性的研究成果被广泛应用于临床，影响了几代精神科临床医生、学者以及研究人员，他开发的贝克抑郁量表（BDI）是最广泛使用的抑郁症程度测量工具之一。

企业员工的复工状况和心理状态，从中我们看到不同变量和焦虑度之间的关系。在调研中，由于受到疫情的影响，在家办公成为一种新常态，因此我们特意就"在家办公时长"和"在公司办公时长"进行了对比。数据显示，那些"在家办公时长是在公司办公时长的1.5倍以上"的受访者，其抑郁倾向和焦虑倾向都明显高于其他组别的受访者（比如在家办公时长是在公司办公时长的50%以下）。疫情防控期间的社交隔绝对人们的心理健康的负面影响，也得到了国内其他研究的印证：疫情防控期间独居者的孤独感水平往往更高[12]，独居者产生焦虑情绪的风险更大[13]。大多数人在家办公的状态虽然好于独居者，但是他们在家办公的同时往往要照顾停课在家的子女，工作和生活的时间、精力需要重新分配，从而会产生多种心理困扰。

　　在个人遭遇不利事件后，ABC模型的自助练习可以帮助我们有效地阻断悲观式反刍，避免"灾难化"。在了解了归因模式之后，我们知道，过度反思不愉快的事件是一个恶性循环，即悲观式反刍，比如有的人会沉浸在一段破裂的关系回忆中，用不同的可能性来模拟预测："如果我这样做，是不是他就不会离开我？"我们常说的"念念不忘，必有回响"可以用来比拟反刍的影响。消极想法长期萦绕心头，不仅会导致抑郁、悲观，还会强化和放大更多非理性的想法，比如自我怀疑和贬低——"我不值得被爱"，悲观判断——"我会孤独终老"等，逐渐走向灾难化。

　　认知心理学家总结，在各种各样的逆境反应中，灾难化是最能让人们感受到无助的反应。[14]灾难化就是把日常不便想成重大挫折，随后在不断反刍中又把那些挫折想成灾难。越是不断琢磨，不断进行强制性分析，不利事件的后果就"显得"越严重，当事人的心理状态就不断恶化。当人们陷入胡思乱想时，通常会出现两种情况：一是会歪曲事实，觉得这个问题过于严重，无从应对也无法改变，因此被无助感裹挟；二是灾难化的胡思乱想会使得人们过度关注自己，并对外界形势和情境对自身影响变得极度敏感。塞利格曼甚至在他的著作中写道："我认为抑郁症是来自对自己的过度关怀和对团队的不够关心。"[15]无论是哪种情况，在将事件灾难化的时候，我们的想法就会偏离理性的轨道。

干预工具一：焦虑拆弹表（见表4-2）。根据ABC模型的原理，学会对焦虑问题进行拆弹是我们干预悲观式反刍的第一个有效工具。焦虑拆弹正是要在不利事件发生后，及时进行心理"止

表4-2 焦虑拆弹表

认清问题	拆弹	反思弹窗	行动方案
触发焦虑的客观事件	我担心会发生什么	不可控却过虑的　可控却没做的	1.
	最糟糕的结果是什么		2.
	如果最坏的结果发生了，对我现阶段会有什么影响	隐藏瞬间	
	如果最坏的结果发生了，对我未来会有什么影响		3.

损",损失的源头就是人们的观念和想法。我们用"拆弹"来比喻对焦虑事件的拆解和梳理。拆弹表中的第一列需要写下导致我们产生焦虑的客观事实。需要注意的是,这里仅记录下发生了什么,不能对客观发生的事实做出任何评价,更不能使用任何描述情绪的词汇进行记录。

客观记录事件是为了在头脑中建立起事实和我们想象之间的空间距离。很多时候,我们会下意识地把自己的想象等同于事实,而且这个过程往往是在没有觉察的情况下,沿着我们的惯有模式飞速进行的。比如常见的"剧情"是你在焦急地等待一个重要的人回复自己的信息,如果对方回复的时间超出了你通常能够接受的范围,你便习惯性地开始进行各种各样的脑补,"我刚才发的信息是不是有什么不妥的地方","对方应该是生气了,对我有看法",等等,由此产生担心、沮丧等情绪。几个小时后,当你反复思考到底发生了什么,编辑了新的信息,删掉又重新编辑时,你发现真实情况只是对方没看手机而已。这样的情境很多人再熟悉不过了。如果工作和生活中突发不利状况,我们需要第一时间提醒自己:把想象和事实分开。

在拆弹表中最为关键的训练聚焦点便是第二列——"拆弹"。它代表了我们对自动化想法的分解过程。人们的想法或者观念是最关键也是最危险的,可以比喻为炸弹引爆装置。因此在这个环节,我们的填写速度一定要放慢,要认真地"看到"并理清我们纠结的问题。拆弹环节的4个问题对应的是焦虑的定义。再回顾一下,焦虑的根源是对未来发生的事情不可预测且不可掌控。因此，拆弹的第一层"我担心会发生什么"是在帮助你思考哪些未来发生的事情是不可预测的。拆弹的第二层"最糟糕的结果是什么"旨在帮助你思考哪些可能发生的事情是不可掌控的。焦虑最主要的反应是对恐惧的预期，因此拆弹的第三层和第四层"如果最坏的事情发生了，对我现阶段和未来会有什么影响"是在帮助你寻找掌控感的思考路径。

完成了拆弹梳理之后，我们要去拆解自己的焦虑，哪些是自己不可控却过虑的事情，哪些是自己可控却没做的。比如说有的人担心失业和被裁员，每天花大量时间去看相关的报道和信息，这就是过虑的表现，自己更为可控的是把手头的工作做好，同时留意行业内的工作机会，做到未雨绸缪。

找到了行动的空间之后，为了能够更好地将事实和想象分离，我们可以在剥离每一层拆弹问题时，提出认为合理且可行的解决方案，并对每一个方案的利弊进行短期和长期的分析，从而甄选出最佳方案，并辅助后期的执行评估。

在拆弹表中，我们特别加入了"隐藏瞬间"，即在回顾整个焦虑事件过程中，有哪些自身或者他人的积极行为是日后值得强化的。举个真实案例，一位企业一把手在烦躁时痛斥一位女性高管没有把工作做到位，不仅没能解决焦点问题，还使得双方都陷入情绪失控的状态。事后，跟了这位一把手十几年的秘书在老板情绪平复时，推心置腹地善意提醒道："老板，其实女性员工的思维模式真的不一样，我能不能以你的名义去买一块蛋糕给她送过去？"老板接受了这个建议。一块小小的蛋糕巧妙地化解了一场焦虑危机。这就是"隐藏瞬间",是已经发生的亮点行动方案,或者是对行动方案有启发和帮助的言行和想法。

思维模式的形成,就像荒野中的一条小路,走的次数越多,路径越明显。当人们去打针的时候,大脑会根据你以前的注射经历,预测针头刺破皮肤带来的痛感,然后构建出疼痛的体验,甚至在针头还没有碰到皮肤的时候,人们就已经感觉到了疼痛。也就是说,你在没有实际经历疼痛的时候,先模拟并构建了疼痛,这与人们习惯性或反复地关注负面事件并过度解读是一样的道理。

由于人们时常会试图去掌控我们控制不了的事情,却不在我们能够掌控的事情上下足功夫,因此基于 ABC 原理的焦虑拆弹法的关键是反复练习。只有通过反复练习,我们才能遵循并利用大脑神经活动的模式,不让非理性的想法反复强化形成路径,而要去建立理性想法和积极心理的增强回路。每一次对体验的反思都是一次构建,因此我们要有意识、有选择性地去培养那些将来你希望重复构建的积极体验。在未来遇到容易让我们冲昏头脑的情境时,按下暂停键,快速将拆弹的 4 个问题梳理一遍,能够帮助我们在头脑中建立理性思考空间,阻断悲观式反刍,避免灾难化。

干预工具二:三个幸福时刻(见表 4-3)。"焦虑拆弹"练习是 ABC 模型在疏导不利事件带来的负面情绪上的应用。事实上,我们的积极体验也是由认知决定的。三个幸福时刻是认知疗法中非常有效的练习,这个练习要求人们在每天结束前,花上一点时间思考当天发生了哪三件好事让自己感受到了快乐和幸福,或者其中哪些事情是值得我们感恩的。

表 4-3　三个幸福时刻

日期	幸福时刻	幸福的缘由 ❶ 这件好事为什么会发生 ❷ 这对你意味着什么 ❸ 如何能让这样的好事在未来更多地发生
＿＿年 ＿＿月 ＿＿日 第一天	幸福时刻一： 幸福时刻二： 幸福时刻三：	

首先我们记录下这三个幸福时刻，它们可以是工作或者生活中的重大突破和转折，更多的则是看似无关紧要的小事情，也就是任何你能够觉察到的、微小的但能让你感到开心的小事情。研究表明，那些习惯于感受并表达感激之情的人无论在健康、睡眠还是人际交往上都会获益。[16] 但需要特别指出的是，这个工具的关键是表中的第三列，也就是我们需要清晰地写出幸福的缘由。

我们不仅要每天找到让自己感受到幸福的事件，还要深入挖掘其背后的原因。你可以根据表中的一系列问题梳理你的思路，比如你认为这件好事为什么会发生，这件事为什么对你意义重大，你为什么要对此事感恩，未来怎么样做才有可能让类似的体验更多地发生。这样做的原因是，当我们只有不断地将自己的体验和带来这种体验的环境关联起来，并且能够解释环境和我们感受到的结果之间的因果关系的时候，才能最大限度地增强幸福感并减少痛苦。

大量临床实践和研究数据都支持这一练习的效果。[17]比如在一个实验中，受试者每天花 10 分钟时间按照要求写下当天发生的三件好事及其理由，三周后研究人员发现他们的压力水平明显下降，而幸福度得到了提高。很多抑郁症患者在医生的指导下进行连续 6 个月的干预，结果显示他们的抑郁程度得到明显改善，而且他们会喜欢上这样的练习。正因如此，三个幸福时刻的练习得到了很多心理治疗师的青睐。

北卡罗来纳大学积极情绪与心理生理学实验室的主任芭芭拉·弗雷德里克森指出，拥有心理韧性的生活来源于持续不断的由"微小的时刻"组成的"爱的瞬间的集合体"，因此积极情绪是心理韧性的种子。心理学家莉莎·费德曼·巴瑞特在《情绪》一书中提到，每当做积极的事情时，人们就可以对自己的情绪系统进行微调。越是增加积极实践的频率，这些关注点在人们的思维模式中就会变得越显著。如果人们能够经常性地记录自己的积极体验，就可以提高自己的情绪颗粒度，从而有效地培养积极情绪。

一件好事为何会发生在自己身上？从自己、他人、环境中都可能找到原因，多数情况下好事都是善意的聚合，哪怕只是一件很小的事情。比如你今天和同事一起吃了一顿美味的午餐，两个人聊得很愉快。这件好事为什么会发生？午餐的餐厅是你还是同事的建议？你们如何建立友谊？你们在工作中的信任关系又是如何建立起来的？为什么会觉得交流很开心？如此进行深度挖掘之后，我们会强化这样美好的体验，对他人和自己所拥有的一切心怀感恩。经过长期训练，如果我们内心美好的事情积蓄得越来越多，就会变得越来越积极，也会主动促使类似的好事不断发生，从"寻找美好"到"创造美好"。更为重要的是，幸福时刻的记录是对抗"消极偏见"的有力手段。在无意识、无准备的情况下，当你被问到一天中印象最深刻的事件时，人们的答案往往是消极、负面的。习得性无助实验告诉我们，无助感一旦形成，人们需要积累很多的能动性体验，才能够"对冲"放弃。因此我们在平时需要不断储备积极体验，才能够应对不利事件的冲击。这里需要强调的是"记录"二字。

记录的力量

近年来，手账又开始风靡起来，越来越多的人选择用纸笔记录生活，帮助自己提高工作和学习效率的同时，记录生活中的美好。可能很多人对手账并不了解，把它看作文艺青年的消遣。事实上，追踪记录自己习惯的名人数不胜数，富兰克林就是其中之一。从 20 岁开始，富兰克林会将自己遵从的 13 项良好品行记录在随身携带的小本子上。这些记录追踪着他一天中在"抓紧时间""永远把时间用于做有意义的事情""避免闲聊"等目标上的具体行为。每天结束时，富兰克林都会根据他在小本子上的记录进行反思。另一位记录自己习惯的名人就是曾国藩，他的一生可以用"勤+恒"来总结。即便是他临终的前一天，曾国藩都在做日课，每日进行反思。[18]他在做日课的时候，要求自己写正楷，一笔一画都工工整整，所以写字的速度会变慢，曾国藩以此认真检视自己一天的言行。

在心理学领域，记录也是备受推崇的改善认知行为的方法。记录思维模式和行为的改变就如同我们在增肌减脂的过程中记录自己的体重变化、饮食中摄入的卡路里，以及平板支撑中日渐增长的肌肉耐力一样。过去几十年的研究发现，在很多情况下，人们都能受益于对日常事件的定期回顾，这种回顾的方式通常是边反思边记录。得克萨斯大学心理学家詹姆斯·彭尼贝克在写作疗效领域近40年的研究告诉我们：记录感恩事件能够提高个体的生理和心理健康水平。[19]这是因为我们认为平时在头脑中的反思实际上并不具备很强的逻辑性，动笔写下来是一个思维结构化的过程，这个过程会对想法进行追踪和总结。当想法被写到纸上时，我们会有一种抽离事件本身的感觉，增强我们看待事物的客观性。

记录这一方法集视觉化、行动参与和回顾强化于一体，可以说是提高综合效能的最佳方法。这里我需要特别强调，视觉化对行为习惯的养成非常重要。培根说过："思考一般总是随视觉所止而停止，以至对看不见的事物就很少有所察觉或完全没有。"[20]因此在养成记录习惯的初期，需要创建视觉提示。比如在第4章中提到的"小赢记录"，每一个对钩都是明显的提醒，成为后续行动的触发器。手写记录能够给视觉带来直接的刺激和强化，同时随着记录的持续，记录者会获得内在激励，看到自己的进步轨迹，而这种内在的满足感又成为持续改进的动力。

通过"三个幸福时刻"的练习，人们会寻找并记录生活中美好的事实，在此基础上，创造更多美好的体验，有效增加心理资源。当你决定尝试三个幸福时刻的练习时，需要你下定决心用心去落实。归因模式的改变和心理韧性的打造都不是一日之功，其原理和"持续小赢"是共通的，都是由强化理论衍生出来的行为干预工具。

无论我每天是怎样度过的，晚上临睡前，都会进行助眠"双保险"，那就是记录和冥想（我会在第5章详细讲述我的故事和正念冥想的重要性）。通常我会用10~20分钟的时间完成自己的"日课"。我的日课包括两个部分：三个幸福时刻的练习和当日反思。通过多年坚持下来的三个幸福时刻的练习，我早已把曾经悲观的归因模式转变为乐观的归因模式；当日反思则是记录当天重要的感受和思考。每天两种记录的持续练习帮助我既能看到生活中非常美好的点滴，又能理性客观地进行反思。当我回看日记的时候，还会回顾起过往的更多美好事件，强化积极体验。通过日积月累，日课记录成了一种温暖的陪伴。记录使持续小赢的成果可视化，我们每天可以不断看到这些变化，以增强自己的信心和耐心，进而帮助我们改变行为，以改变促进改变。

在过往十多年的记录中，我有很多电子记录，也有不少手写记录。在记录三个幸福时刻和当日反思时，相比电子记录，我个人更推崇手写记录。近几年的心理学研究显示，很多人之所以在愤怒的时候摔键盘，是因为从行为影响情绪的角度来看，人们在用电脑做记录时，敲击键盘的速度越快，键盘噪声越密集，人就越容易生气和烦躁。[21]但写字和打字的过程是相反的，写字可以让人情绪平稳，看着自己写出来的字，从提笔忘字到书写工整，整个过程中内心会生出愉悦感。

还有一点需要说明的是，除了极端特殊的情况，我不记录令我愤怒的事情，因为每一次对愤怒的记录都是一次悲观式反刍。凡是有过记录愤怒经历的人都能体会到，愤怒的记录都是我们的消极情绪和对客观事实的扭曲想象。前文已经介绍过消极偏差的强大惯性，为了能够更有效地训练自己的乐观归因模式，建议大家尽量不要记录令你愤怒的事情。如果你实在想通过记录令你愤怒的事情缓解自己的焦虑，从而不影响到他人的话，小妙招就是：单独找一张纸写下自己愤怒的想法，之后把这张纸撕掉。否则当你再次阅读曾经留下的愤怒笔记时，又会进行一次悲观式反刍。

因此，如果无法立马杜绝愤怒记录，那就尝试减少记录愤怒的频率。实际上，人的可塑性极强，当我们意识到记录愤怒的危害，并知道这种思维模式可以改变时，你很快就会发现自己在发生变化了。与其歇斯底里地对消极情绪奋笔疾书，还不如把这样的精力和时间花在更有意义的事情上，比如记录你的幸福和感恩时刻。感恩研究领域的先驱、加州大学戴维斯分校的心理学教授罗伯特·埃蒙斯在他的研究中总结道，经常意识到并保持感恩对我们大有裨益，因为感恩会提高人们有效处理逆境的能力。经常感恩的成年人生病的概率会显著降低，他们对生活的满意度会更高，对未来也表现得更加乐观。

掌握了三个幸福时刻的原理，我们在平时训练的过程中不用生搬硬套，无须每天写，也无须每次一定要写出三个幸福时刻，而是要根据自己的实际情况采用灵活变通的方式。比如说，我有些时候会记录下不止三个幸福时刻，而有些时候也许只有一两个幸福时刻，甚至一个幸福时刻就能够让我体会好几天。但无论如何，我会要求自己每天坚持记录。如果在一天结束时，我连一个幸福时刻都写不出来的话（这种情况刚开始的确遇到过），这恰恰说明我这一整天迷失在所谓麻木的忙碌中，缺少每天该有的觉察时间。

长期的训练能有效地帮助我捕捉每天工作和生活中很多的细小时刻。当然，你可能会说，我本身就是这个领域的研究者，每天记录不足为奇。是的，一开始训练的时候，你不用像我一样每天坚持记录，因为我的确见到过很多只有三天热情的人，你可以选择一周做一次或半个月做一次。在这里我和大家分享两个我平时使用的记录幸福时刻的变通方法。

第一个方法是我为我的两个孩子设计的每周幸福时刻的训练计划。由于孩子们学业负担较重，他们以周为单位进行记录，写下让他们感到开心或者愿意感恩的5件好事，并说明好事为什么会发生，为什么这些事会使他们感到高兴或愿意感恩，如何能够让这样的好事持续发生等。任何思维模式和行为训练都是循序渐进的。孩子们从一开始每周都记录一模一样的"好事"（在他们心中，起初也会有疑问，觉得哪有那么多好事一直发生）到后来他们能够捕捉很多生活的瞬间，有些甚至连我都已经忽略掉了。举个小例子，我儿子曾经每天走路20分钟去上学。他在2021年1月22日发过一个朋友圈，拍了一张只剩下一片叶子的树（见图4-2），并写道"它还活着"。

图4-2 儿子拍的树

到了2021年4月14日，儿子又发了一个朋友圈，照片中的这棵大树已经枝繁叶茂了，他记录道："树重生了。"又过了不到一个月，儿子兴奋地告诉我，那棵树这么快就开满了花儿。他在放学的路上经过这棵树时，捡起了掉落到地上的一朵鸡蛋花，拿回来送给我。这些小事就这样发生着，但我们时常看不到，或者把它们当作理所当然，而失去了该有的觉察。这样的训练带给我非常深的感悟，它帮助孩子们变得更加乐观和坚韧。非常庆幸是，我的两个孩子在青春期都不怎么叛逆，他们很顺利地度过青春期也许是因为每周都忙着找寻幸福时刻来回应我这个研究心理韧性的老母亲吧。我把给孩子们设计的"幸福周反思记录表"放在本章末尾的韧性练习中，供大家参考。

第二个记录幸福时刻的变通方法是我一直在实践的，而且带动了很多企业家学员。方法很简单，那就是以月为单位，每个月月末的时候，在朋友圈发一个九宫格的"灵动瞬间"——一张记录生活瞬间的图片加上短短的配文。研究表明，与人分享美好的经历会强化积极情绪。[22] 此外，最近发表在《人格杂志》上的研究向人们揭示了一个非常有趣的现象：与其从别人那里听说你的事，朋友更喜欢你把好消息直接告诉他们。人们在考虑是否要把自己的好消息告诉朋友时，往往会高估他人的消极反应，并错误地认为朋友更愿意从别人那里听说。所以千万不要以为这是所谓的"凡尔赛"①。让自己成为一个有丰富感受力的人，感受到和感恩身边细小的事物是一种能力。生于1933年，日本"扫除道"的创始人键山秀三郎，通过多年践行扫除道的实践方法，人们如何掌握化平凡为非凡的能力。他在《扫除道》②一书中分享道："一个不能感恩细小事物的人，往往会人为地放大小的痛苦和烦恼。反过来，能够感恩细小事物的人，却可以人为地缩小大的痛苦和烦恼。"[23]

---

① "凡尔赛"一般指"凡尔赛文学"，是一个网络流行词，也是一种语言使用者通过委婉方式表达不满或向外界不经意展示自己优越感的语言形式。
② 《扫除道》由"日本清扫学习会"创办人键山秀三郎所著，是一本探讨"清扫哲学"的书籍。键山先生倡导的扫除道，其基本精神就是"凡事彻底""感恩惜福"。

如果说韧性飞轮需要一个最小的启动推力,那么我会推荐你从记录幸福时刻开始,无论是每天、每周还是每月。只要一个轻轻的助推,你的韧性飞轮就会转动起来。

韧性认知

- 悲观主义者习惯性地在遭受挫折时将自己滞留在最具毁灭性的原因中不能自拔。
- 乐观的归因模式是可以习得的,即便是悲观的风格也是可以被改变的。
- 在个人遭遇不利事件后,ABC 模型的自助练习可以帮助我们有效地阻断悲观式反刍,避免"灾难化"。
- 记录使持续小赢的成果可视化,我们每天可以不断看到这些变化,以增强自己的信心和耐心,进而帮助我们改变行为,以改变促进改变。

韧性练习

1. 为自己留出 14 天时间,践行并记录幸福/感恩时刻练习(见表 4-4)。人的心理状态通常以 14 天为一个周期。坚持每天写下 1~3 个让你感到快乐或者愿意去感恩的小事,并写明幸福的或感恩缘由。对比一下 14 天前后，你的心情会有哪些变化？你留意到了哪些生活中曾经被自己当作理所当然而忽视了的精彩片段？

表 4-4 幸福/感恩时刻练习

	幸福/感恩时刻以及幸福/感恩的缘由		幸福/感恩时刻以及幸福/感恩的缘由
第一天 日期：	幸福时刻： 感恩时刻： 时刻：	第二天 日期：	幸福时刻： 感恩时刻： 时刻：
第三天 日期：	幸福时刻： 感恩时刻： 时刻：	第四天 日期：	幸福时刻： 感恩时刻： 时刻：
第五天 日期：	幸福时刻： 感恩时刻： 时刻：	第六天 日期：	幸福时刻： 感恩时刻： 时刻：
第七天 日期：	幸福时刻： 感恩时刻： 时刻：	**本周记录反思** ・心情变化 _____ ・特别时刻 _____	

第二部分 韧性飞轮之觉察

2. 表 4-5 是"三个幸福时刻"的变通版本,即我为我的两个孩子设计的"幸福周反思记录表"。

表 4-5　幸福周反思记录表

1.本周在校内外,你从不同学科中学到了哪些知识?	2.写下本周让你开心和感恩的3~5件好事(哪怕是很小的事),更为重要的是,你要写下来这些好事发生的原因,好事如何让你觉得开心和感恩,以及今后你怎样做才能让更多的好事发生。 本周发生的好事　　　　　　思考
日期:_____	(第___周)
3.写下本周你尝试去帮助他人(包括家人、同学、朋友,甚至是陌生人)的1~3件事。	4.请写下本周一句有意义或特别的话,它能够反映你的感受、想法,或者是你愿意把它分享给家人。

让坏事消散,每天都是快乐的一天!

第 5 章　在正念冥想中重新遇见

> 当你能够将你的无意识意识化，你将真正主导你的生活并称之为命运！
>
> 荣格

走出至暗时刻

荣格一直以来是我最喜欢的心理学家，因为阅读他的论著总是能带给我最深的启发和最大的共鸣。正是开篇这句荣格的名言带我走上正念冥想之路，在把无意识意识化的过程中，我再次"遇见"了那个曾经在极度恐惧中撕心裂肺地大哭的小女孩。

现在和大家讲讲我的故事。虽然引言中提到的那个怪兽老奶奶曾经在很长的一段时间里是我噩梦的主角，但在父母从遥远的南方部队调回北京后，我开启了真正的幼儿园生活，怪兽老奶奶暂时被封存了起来。因为当时我父母刚回北京，他们只能住在临时的地震棚里，等待单位给我们分配筒子楼中的一个小房间。在那半年时间里，我在一家全托幼儿园，白天有正式的幼儿园老师教我们学知识、做游戏，晚上会有夜班阿姨看护我们睡觉。我从每天能见到姥姥和姥爷，变成了每周末才能从全托幼儿园里被接出来一次。让我印象极其深刻的是，我的幼儿园夜班阿姨是个非常喜欢听戏的中年妇女。每到晚上，整个全托班的小朋友都要围坐在一起听京剧。不知道我当时是从哪里冒出来的勇气，晚上一熄灯，就站在小床上指挥班里的小朋友咿咿呀呀地唱京剧，把夜班阿姨气得半死。她经常让我罚站很久后才能睡觉，站累了自然睡得香，怪兽老奶奶也就不怎么在我的梦中出现了。

我童年真正的转折点发生在某一天早上，当我越挫越勇，每晚被罚站后仍继续带着大家夜夜高歌时，夜班阿姨盛怒之下，带着我去见白天的幼儿园老师。我只记得夜班阿姨当时口沫横飞，将我的种种"罪行"一一罗列。在我等待着"判决"来临之时，让我惊讶的是，幼儿园的王老师（40多年过去了，我还能记得她姓王，我还能清楚地记得她的长相）得知状况后，对我居然没有半句批评，而是把一个带着一朵小红花的袖箍戴到了我的左胳膊上，说："萌萌，从今天开始，你就是这个班的班长啦！"从那天晚上开始，我再也没有在熄灯后带领小朋友唱京剧捣乱。也就是从那时开始，我一直当班长直到大学毕业。我的第一个幼儿园老师是个真正的心理学家，也许我对心理学和行为学感兴趣而日后扎根在相关领域成为一名研究者，也是在那会儿埋下的种子。

从小学到大学再到工作，在这后来将近 20 年的时间里我的生活都很顺利。后来我去美国读博士，正好赶上"9·11"事件爆发，历经了 4 次艰难的签证面试，才终于踏上了去往美国求学的旅程。我当时获得了高额的奖学金，怀揣满心的期待，却完全没有想到那会是一段刻骨铭心的失控之旅。背井离乡的变化、饮食的不习惯、语言的重新适应对于当时的我都不是挑战，最大的打击来自我不能接受自己不够出类拔萃。

进入博士项目的同学以美国人为主，他们个个优秀，目标清晰，当我还惊讶于原来美国人从来不用"Fine, thank you, and you（很好，谢谢，你呢）"的经典中式英文回答"How are you（你怎么样）"的时候，我所有的同学已经快速开启了第一个研究项目。而我这样"不够优秀"的模式不止持续了三个月或者半年，而是持续了两年之久。那种多年不曾体会过的失控感如洪水猛兽般袭来。我们已经非常熟知，长期的失控带来无助。单纯学业上的压力还不至于把我完全击倒，真正让我失控的是当我的最后一根救命稻草被拔起的时候。

你相信人有第六感吗？我相信。至少当时的经历就是这样。在学业的低迷期，我总觉得有不好的事情发生了，但打了几次越洋电话回家，家里的人都告诉我一切都好。几天后，我打电话给三舅（他是姥姥最小的儿子），在我不停的追问下，三舅最终没能忍住，在电话那头哭出了声并告诉我，姥姥已经去世了，昨天刚刚遗体告别完火化了。

电话挂断后，我僵坐在那里 10 分钟，然后突然间痛哭流涕。

我生命中最重要的姥姥走了，得知姥姥去世的那天晚上，我再次梦见了那个可怕的怪兽老奶奶。

这件事情在我心底留下了一道深深的伤痕。研究表明，在孩子成长的过程中，早年生活经历中的巨大变故和生死离别会直接影响到孩子后期的归因模式。如果遇到的这些负面事件好转了，孩子会比较乐观，比如去国外读大学的哥哥姐姐回来了，经常吵架的父母关系就缓和了。但如果遇到的变故是永久性的或者是普遍性的，再加上孩子如果没有得到及时的心理干预，那么绝望的种子就会深深埋在孩子心中，[1]比如从小到大与孩子关系十分亲密的祖父母的去世。虽然当时的我已经成人，但姥姥在我童年记忆中是最亮的那道光，是每天把我从怪兽老奶奶那里解救出来的那道光。所以没能见到姥姥最后一面，是我一辈子最大的遗憾。当心中的那道光在我毫无准备的情况下突然熄灭时，长期以来的高强度求学压力犹如火山爆发般喷射出来，我崩溃了。

看到这里，不要以为我就此开启了哭哭啼啼的"颓丧"模式。恰恰相反，姥姥的去世让我开启了没日没夜的学习模式。其实这是一种逃避的心理。当然，这种疯狂的学习模式的确帮助我在研究上实现了大踏步超越，从某种程度上讲，我在学业上找回了曾经的那种自信感和掌控感。可伴随着疯狂学习模式的是我的暴饮暴食。还记得我在第4章里埋下的伏笔告诉大家第5章会有一个你意想不到的秘密吗？就在这里了。

长期的暴饮暴食使我的体重一路飙升，峰值达到了将近100千克！当我把曾经"吨量级"的照片在课程上与企业家学员分享的时候，通常会迎来一阵热烈的掌声。显然，无论是谁，大家都喜欢励志和逆袭的故事。但事实是，我接下来从一个大胖子恢复到现在匀称的身形完全不是出于励志。因为在我体重达到峰值的时候，我并没有意识到自己的问题，还在愉悦地暴饮暴食，并快速推进着我的各项研究项目。真正逼迫我开始减肥的其实是我的家庭医生。当时他拿着我的体检报告，严肃地告诉我："你的各项指标都超出了正常范围。你要去看心理医生！"

等等，去看心理医生？！我简直不能相信我当时听到的话。一个决定走"行为+心理"研究之路的人怎么能"沦为"患者？这岂不是奇耻大辱（套娃中的身份固化在作祟）！从完全无法接受到最终抱着怀疑和不屑的心态敲开了心理医生的门……可想而知，这个心理斗争的过程有多么激烈。但这不是我想和大家分享的重点，重点是我庆幸当时自己的理性战胜了感性，最终选择去见我的心理医生。

这位心理医生是一个60多岁的美国白人老太太，有着满头金银色的卷发。她的办公室里放着一架钢琴，当得知我也弹钢琴时，她走到钢琴边弹了一首曲子《致爱丽丝》。因为我在美国时，"晓萌"这两个字的发音对美国人来说很难读出来，所以大家叫我 Alice（爱丽丝，这是我读初中时英语老师给我起的名字）。

在第一次的问诊中，她问我为什么暴饮暴食，我很应付地说，没有为什么，吃东西就开心，开心了研究就做得好。实际上，在我们见面的前两次，我基本处于防御和对抗状态。直到第三次，她问我："你生命中有过至暗时刻吗？"那是在我姥姥去世的一年后，这一年里我没有因为姥姥去世这件事情再流过一滴泪，因为我不愿去触碰。但那天，我在心理医生的办公室，泪如雨下，泣不成声。说实话，问诊之后的那天，我的确感觉非常愉悦。这不奇怪，因为研究表明，哭泣的解压效果要远远大于笑。日本著名脑科学家、被誉为日本"血清素研究第一人"的有田秀穗向人们揭示，哭泣能以最快的速度增加同感脑（血清素能神经）的血流量，让人们感到无比放松。他甚至建议大家经常性地进行有意识的积极哭泣。[2]

其实即便没有心理医生，我自己博士期间在行为学和心理学领域的研究也让我清楚地知道，无论是童年的受虐，还是姥姥的离去，都使我当时或多或少有一定程度的创伤后应激障碍。创伤后应激障碍可能发生在各种年龄段，在没有正确干预的帮助下，有这种焦虑问题的儿童相对而言很难自己走出悲伤状态，从而焦虑会在游戏或者噩梦中不断重演。[3]因此，怪兽老奶奶会在早年间经常出现我的噩梦中，我会选择避免去想姥姥去世的场景。而长期麻木的忙碌，使得自己没有闲暇时间去胡思乱想，并且暴饮暴食加重了这种应激的焦虑状态。

对美食的长期依赖是一种上瘾行为，它会刺激体内分泌大量的多巴胺，给人们带来愉悦感。随后，依赖程度会随着多巴胺释放的浓度和速度的上升而变得越来越强。在第3章中我们已经知道，多巴胺具有很强的适应性。在人们的愉悦体系被过度刺激后，我们体验愉悦的能力会下降，为了对抗因多巴胺的适应性而造成的快乐衰减，我们会选择更多的物质刺激，比如吃更多的美食以得到同等程度的愉悦感。但过度刺激多巴胺分泌所导致的上瘾行为会改变大脑的结构和功能，使得人们将自己的欲望和实际的需求相混淆。[4]

我告诉心理医生，姥姥去世了，所以我生命中将永远缺失曾经和姥姥在一起时的那种快乐（永久性的归因）。她告诉我："你对自己太苛刻了，以至把自己弄丢了，失去了活在此刻的觉察，悲观占据了你的潜意识。"在 60 分钟的问诊快要结束时，心理医生告诉我："接下来的两个月你先不要来见我了，我给你两个密钥，因为你有足够多的理论知识背景，坚持去做这两件事，也许你能自己打开一部分你的心结，记住，要对自己好一点。"

心理治疗很重要的一步就是帮助人们意识到自己有能力且必须依靠自身去面对自己的困境，重新构建生活。只有这样，人们才能真正放手去改变。[5] 荣格说过："人们会想尽办法，各种荒谬的办法，来避免面对自己的灵魂。但只有直面灵魂的人，才会觉醒。"因此心理治疗的过程是具有挑战性的，因为这个过程逼迫人们从自己曾千方百计回避的角度来重新认知自己，提高觉察，不管这种回避是有意识的还是无意识的。

心理医生当时给我的这两个密钥，一个是每天坚持写下三个幸福时刻，另一个就是尝试冥想。

专注当下的力量

在开始接触冥想前的很多年，我一直认为冥想是伪科学。这其实是典型的无知所导致的自以为是的达克效应。实际上，大量的科学研究已经反复证实，冥想给大脑带来了诸多益处，比如更好的学习能力和记忆力、更集中的注意力、更快速处理问题的能力、更高的创造力等。不仅如此，冥想还可以增强自我意识和自我调节能力，降低人们对压力的反应，培养人们的正面情绪，提高免疫力，有助于安神和维持血压的正常水平，延缓衰老，对于各种疾病（比如慢性疼痛、牛皮癣、焦虑症、抑郁症、酒精依赖、饮食障碍、心脏疾病等）的缓解都有明显疗效，可谓对人类健康有极大的正面影响。[6] 研究表明，焦虑水平越高的人，长期冥想所带来的变化就越大。[7] 美国国家健康统计中心的一项大规模调研显示，2012—2017 年，进行冥想的人口占比从 4% 升至 14%，仅仅 5 年时间，增幅是非常显著的。在 4~17 岁的年龄段中，这一占比从不到 1% 升至 5% 以上，欧洲的研究中也出现过类似的比例。[8]

冥想是一种训练大脑的活动，既是一项技能，也是一种体验。通过冥想，我们不是要成为一个与众不同的人，而是要在过程中训练觉察，理解自己为什么会有这样那样的想法和感受。各种不同形式的冥想练习（比如放松、内观、意识、专注、沉静等）可以追溯到几千年前，跨越几个世纪，从几种哲学流派、多重文化和传统中发展起来。但几乎所有的冥想练习都是针对意识、专注力和自我调节的训练。

冥想虽与佛教文化有不解之缘，但本质上并不包含佛教元素。[9] 即便如此，早年间当医生努力将冥想引入西方主流医学界的时候，还是阻力重重。因此，冥想以"正念"为名进入西方医学界。正念是很多冥想技法的关键要素，正念意味着有意识地、不予评判地专注于现时此刻。中文的"念"字由"今"和"心"组成，因此代表今日之心。虽然"活在当下"成了如今大家的一个口头禅，但现实中，我们时常看到人们表现出来的一种失衡，那就是我们不断努力去追逐目标的实现，渴望更多的金钱和名誉。不管做了多少，获得多少，依然觉得不够，还是不能开心。这种失衡在企业家群体中更为明显，他们不懈地努力着，实现了一个又一个目标，却从来不曾停下来，真正去享受目标实现后的成果。

正念将思维和内心统一结合起来。这种专注使我们对于当下的情形觉察更为敏锐和清明。要训练这种当下的觉察意识，相对比较容易的学习方式是冥想。因此，冥想可以被理解成一种为人们练习正念提供最佳条件的技法。正念减压疗法的创始人、美国麻省大学荣休医学教授乔·卡巴金博士于1979年为麻省大学医学院开设减压诊所，是第一个将正念引入医学治疗领域的先驱。2017年，正念理念在全球首次被应用于政治领域。卡巴金博士将正念带入英国议会，国会议员现场实践正念练习，并认为正念能够帮助他们做出更为客观、明智的政策决议。

与有效运动和健康饮食一样，练习冥想要遵循特定的方法。掌握正确的方法很重要，否则简单的体验也许能够给你带来适度放松，却无法从训练中获益并取得长足的进步。冥想是一个博大精深的领域，如果你从来没有系统地了解过冥想，你可以在本章末尾的冥想推荐书单中选择几本进行学习。起初在进入冥想这个领域时，我阅读了大量的书籍和文献，尝试了多种不同的相对主流的冥想方法，比如腹式呼吸冥想、身体扫描训练、慈心冥想、行走冥想、微笑冥想、标签冥想、迷你冥想等。每种方法我都会体验一周到两周的时间，并将每天冥想的感受记录下来。这样做的目的是希望找到适合自己的方法。我们需要知道，没有任何一种冥想方法对每个人都是最好的。就像前文中提到的，即便是三个幸福时刻的练习也可以根据自己的实际情境灵活变通，因此在尝试了各种方法后，我缩小了范围，选择了几个我认为最适合我且我喜爱的冥想方法。研究表明，长期专注于训练一种技能，能够给人们带来更大的进步。在专注于一种核心技能训练的同时，可以时不时地加入一些其他的练习以丰富体验。在之后的冥想练习中，我最常用且坚持了十多年的主要冥想方法就是正念呼吸训练。

正念大师一行禅师曾说："呼吸是连接生命与意识的桥梁，让你的身心合一。"[10]在最开始的呼吸训练中，最让我抓狂的是我发现自己有如此多的想法！居然如此无法集中注意力！仅仅几分钟的呼吸训练，我的思绪都会到外太空"遨游"很多次。实际上，每个有过冥想经历的人都非常清楚，在冥想训练中时常会出现思维的游离。这是再正常不过的现象了，因为人类的大脑天生就在不停地思考，并游离于变化之中，只是我们往往没有意识到自己无时无刻不在思考。

连续不断的思维在我们的大脑中川流不息，使我们几乎无法体验到内心的宁静。研究显示，人们每天有将近一半的时间处于不专注的状态。在冥想训练中，我们会被各种各样的想法引诱，从而偏离正念。不要惧怕思维的游离，因为当你每一次意识到自己的思维在游离时，这恰恰是对意识进行的又一次强化。呼吸训练不仅能帮助我们觉察到这些想法以及自己正处于游离状态，也能帮助我们统一身心，踏上通往智慧之路。因此如果你发现自己被想法带走了，不要刻意驱赶，我们只需简单地让自己回到呼吸的状态，专注于呼吸，想法和念头会来来去去，自然会从心中慢慢消失。

在众多的呼吸法中，对我个人最有效的是腹式呼吸法（见图5-1）和盒式呼吸法（见图5-2）。腹式呼吸是用鼻子缓慢吸气4秒，随着吸气的过程，腹部渐渐像青蛙一样鼓起来，在腹部隆起至最大时屏住呼吸保持4秒，随用8秒的时间缓慢而轻柔地用嘴呼出气息。人体吸气的过程相对僵硬，而呼气的过程相对柔和。平时我们自然呼吸时大多是用胸腔呼吸，这种呼吸通常只能填满肺部中间的区域，而血管集中在肺的底部。腹式呼吸能够将氧气带到肺的底部，从而锻炼处在胸腔和腹腔之间被称为横膈膜的肌肉纤维。腹式呼吸有效地带动横膈膜上下移动，有助于排出人们体内大量堆积的二氧化碳，从而获得更多的氧气，改善情绪，保持精力充沛。

因为大脑很容易被各种想法带走，通过在心中默念秒数能够帮助我们更加专注于呼吸。腹式呼吸是一种典型的韵律运动。研究显示，规律的韵律运动能够极为有效激活人体内的血清素能神经，而血清素的释放对我们化解压力和提升韧性又至关重要（这部分

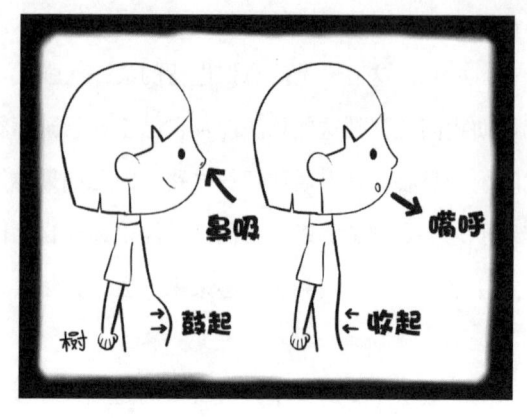

内容将在本书第四部分——连接中的第 8 章做详尽阐述）。[11]

图 5-1 腹式呼吸法

我在日常冥想训练中采用最多的方法就是腹式呼吸法。但当我的情绪波动较大，或者需要快速平复紧张的情绪时，我会经常用到盒式呼吸法。这种方法被美国海豹突击队采用，又称作作战呼吸法或者 4×4 呼吸法。具体做法非常简单，在脑中想象一个正方体盒子的 4 个面，依次沿着 4 个面走动，并进行吸气 4 秒（第 1 个面）、屏住呼吸 4 秒（第 2 个面）、呼气 4 秒（第 3 个面）、再次屏住呼吸 4 秒（第 4 个面）的循环。

美国梅奥医学中心的研究显示，仅仅几分钟的盒式呼吸，就能对我们的自主神经系统产生积极的干预，从而让自己快速恢复平静，缓解压力和焦虑。盒式呼吸法除了在美国海豹突击队经常被使用，在运动员和警察等职业人群中也被广泛采用。实际上，这种方法也能够帮助学生克服考试前的焦虑，因为盒式呼吸法能够很快让我们感到放松，并且使大脑进入非常清晰的状态。我自己除了每天进行正念冥想训练,每周还会带着孩子们一起进行一次腹式呼吸冥想,并教会他们面对任何紧张情绪时,采用盒式呼吸法舒缓压力。

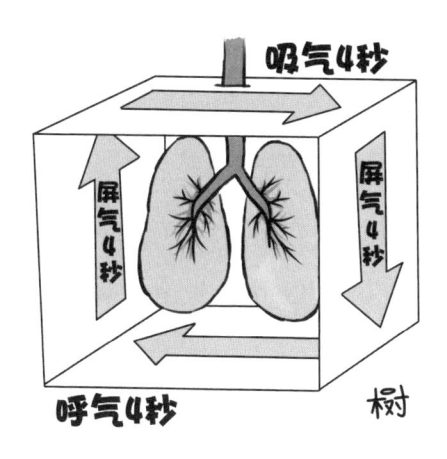

图 5-2 盒式呼吸法

正念冥想是一门有关平衡的艺术。它训练人们在专注和放松之间找到最佳的状态,既不沉溺于对过往的纠结,也不逃避对未来的恐惧,而是将好奇、宁静、仁爱和积极的力量注入每日繁忙而嘈杂的生活。现代社会中,日益增长的数码干扰总会让人们顿生焦虑、患得患失、坐立不安,甚至进入一种无知无觉的失念(失去正念)状态。而正念冥想能够丰富人们的生活,完善人们的心性,帮助人们在学习放松、沉静、意识的过程中收获积极和感恩,在重要的事情上保持乐观、专注,真正活在当下。规律的正念冥想练习会改变我们的大脑结构,这个过程可以训练大脑在潜移默化中变得积极,并且提高人们处理压力和危机的能力,因此增强人们应对困难时的心理韧性。通过长期的训练，正念冥想是一个有意识地放松从而提升专注度的过程。因此，正念冥想过程中的深度放松会带给我们觉察的力量，从而强化人们的意识。

意识与觉察

意识是一种警觉和存在的品质。你对每时每刻发生的事情能够有越多的意识，你就越了解自己。研究表明，相对于没有接受过冥想训练的受试者，那些练习过正念冥想的人表现出更多自我意识的察觉。不仅如此，长期冥想者很难被催眠。[12] 因此冥想的重要作用就是帮助人们去除头脑中过多的"噪声"，有意识地面对自己的想法和感受。换言之，冥想训练帮助我们从已经长期带有惯性的无意识状态中清醒过来，是对大脑无意识的意识化，从而使我们能够充分体验生命中意识和无意识的极限。这个过程就是对认知的认知，也就是在第 2 章中所讲述的"元认知"的概念。

我们很容易滑入无意识的空间，在生活中缺乏意识和敏感。无意识可以被理解成一种惯性思维模式，即不需要思考就能够做出的自动化反应。这种无意识直接影响着我们每天的想法、行为和决策，但同时也常常被人们忽略。因此，人们很多时候会陷入无意识的行为模式，而自己毫无觉察。

一个心理学实验曾经向人们揭示出无意识的行为模式有多么巨大的威力。参与实验的受试者在进入电击室之前均受到了专业实验人员同等程度的言语攻击，随后他们被告知要对攻击他们的人加以电击进行报复。当受试者进入电击室，看到桌子上摆着一把枪的时候，他们会对言语攻击者（专业的实验人员进行模拟，并不会遭受真正的电击）给予长时间、高电压的报复。当桌子上摆放的不是枪，而是一个羽毛球拍的时候，受试者往往会采用短时间、低电压的报复。

仅仅一把道具枪，就足以激发人们潜意识中的攻击倾向，从而影响他们的选择和决定。[13] 正是由于这种无意识化，人们经常进入"自动驾驶"的模式，被这些在大脑中横冲直撞的自动化想法牵着鼻子到处溜达。但这里的陷阱是，人们往往对自己的想法抱有很强的认同感，并把这种想法等同于事实。情绪源于想法，这种想法可能是语言，也可能是一种情感或是形象，而我们总是固执地认为自己的想法是对的。

在冥想中，我们不断训练的目的是让自我从想法中剥离，养成观察自己思维的习惯，只有这样，我们才能挣脱自动思考的摆布，也就是有意识地让自己和想法之间保持距离，从而更为清晰地认知自我。我在训练自己成为自己想法观察者的过程中，最喜欢使用两种方法：一是思维瀑布法，二是河岸观流法。（见图5-3）

思维瀑布法是教我们将思考的过程想象成一条倾流而下的瀑布。你不是在瀑布中被浇得像落汤鸡一样，而是选择坐在瀑布后面山洞中一块平坦的大石头上。这个绝佳的位置能让我们清晰地看见瀑布湍流急下的样子，也能清晰地听到轰鸣的水声，但重要的是，我们在瀑布之外，也就是我们将自己放在情景之外去观察想法的产生和消失。

图 5-3　思维瀑布法与河岸观流法

与此类似，河岸观流法是把自己的想法和情绪看作奔涌而来的河水，但你是坐在河岸上，而不是在河流中。这个训练过程帮助我们意识到自己所有的情绪和想法的存在，但需要在自身与这些想法和情绪之间创造一个空间，彼此分离，而不是成为这些想法和情绪本身。很多时候，你会和我有一样的感受，那就是会被自己的想法带走，从专注中游离，就好像自己被卷入了河里冲走。每到这个时候，不要着急，更不要责备自己，只需要简单地从河里走出来，重新回到河岸坐下就好。无论哪种方法，都是训练自己从不曾停歇的思考中退后一步，但这种训练的关键不是让你停止思考，而是顺其自然，成为自己想法的见证者。

在一次冥想训练课程中，有个练习给我带来了很大的触动，你不妨现在也尝试一下。就在此刻，不要低头看你的手表（我发现很多人听到这句话的下意识反应就是去看一眼自己的手表），想想看，你经常戴着的手表表盘上刻的是阿拉伯数字还是罗马数字？当我第一次做这个练习的时候，我居然不能100%确定我最常用的手表表盘上到底刻的是什么。当我带着"罗马数字"的答案看了一眼那块我心爱的手表，发现上面明明刻着的是阿拉伯数字的时候，我为之一惊。

接下来，更神奇的是，我开始回忆每天运动时我会带上的那块运动手表上到底是什么数字。我的运动手表只有在记录运动的时候才会显示电子数字，平时就是一个手表界面，而且这个界面还是我自己在不同备选界面中选择了一个我喜欢的。虽然我依旧不能确定表盘上是哪种数字，但按照正常的逻辑推理，谁会往运动手表上放罗马数字啊，因此应该是阿拉伯数字。但当那天课程结束我回到家里，迫不及待地去看我的运动手表来印证我的推理应该是正确时，我竟然发现，我每天使用的运动手表表盘上只有指针，没有任何数字！

在上面这个练习中你中招了吗？反正我是中招了，还妥妥地中了两次！我们的思维总是在不断做出假设，并在将各种假设相互关联后把它等同于真相。我喜欢正念教练沙玛什·阿里迪纳把这种无意识和有觉察的状态总结为"doing（行动）"和"being（存在）"模式。人们通常会无意识地对某个事情做出自动化的反应，这种无休止的"doing"模式让我们时常进入"自动驾驶"状态，疲于从一件事跳到另一件事，填满每一个时间空隙。"doing"模式貌似一直在高效运转，但实际上会让我们习惯性地丧失觉察，忽略生活中很多美好的细节。当我们过于目标导向并将全部注意力聚焦于外部世界时，一种无法满足感和厌倦感便会油然而生。持续消极的反刍就是典型的"doing"模式。有些人会习惯性地说，"没有什么事能让我开心"，但事实是他只是"现在感觉不太好"而已。这种永久性归因会让人变得悲观。因此，对自己的意识和想法的察觉对于转变我们的归因模式也非常重要。

如果你在冥想训练中学会了观察想法，你会发现不管你经过了多长时间的训练，你依旧会有很多各种各样的想法，这是正常的。如果你期望通过冥想停止思考，那反而是误入歧途。想法总会在人们的大脑中不断涌现，冥想真正帮助你实现的，是改变你和你自己想法之间的关系。想法仅仅是想法，想法并不是事实。因此无须投入过多的关注，更不要将自己陷入想法和情绪。很多时候，我们会在还没有完全意识到自己的想法时就采取行动，而冥想训练的是人们从无意识的反应过渡到有意识的响应。反应是自动做出的，并不在我们的控制之中，但响应是有意识做出的，因此能够被选择。

在"doing"模式的下面是"being"模式，即现时此刻。在"being"模式中，我们的内心更容易以一种平和、安宁且包容的状态关注当下到底发生了什么，而不是陷入对过去的悔恨和对未来的焦虑。第4章中提到的每月捕捉灵动瞬间都是训练我们从

"doing"模式转变到"being"模式的方法。只有知道如何转换，我们才不会总是被想法牵制，反而能够更加客观、彻底地思考，获得心灵上的宁静和自由。实际上，我们不是去刻意"做"到正念状态，正念就是一种存在的"being"。而这种从"doing"到"being"转换的发生并不是一两次冥想之后就能体会到的，它可能需要几周、几个月，甚至几年。正念冥想既是方法，也是目的，既是因，也是果。因此，正念本身就是对生命的觉察，同时也要融入生命。

承诺的自由

我自己起初在冥想训练中的最大误区是，急于看到冥想的成果。带有一定目的开启冥想训练是没有问题的，甚至是重要的。我们需要时不时想一想我们为什么要做冥想，每个人的初衷都不同，有些人是为了健康，有些人是为了释放压力、缓解焦虑，有些人是为了寻找生命的深层意义。而我最初进行冥想训练是因为我的心理医生给我布置了作业，让我对自己好一点，走出童年创伤和暴饮暴食的阴影。在我断断续续进行了"三天打鱼，两天晒网"式的冥想练习后，我完全感觉不到任何变化。实际上，我也并不清楚我应该期待什么样的变化。我读的第一本有关冥想的书籍就是著名的正念大师一行禅师的《正念的奇迹》。读完后，我意识到如果你毫无期待地去坚持冥想练习，你会发现问题的答案会自然呈现，而且往往是在你已经完全忘记问题的时候。

做出"每天冥想"的承诺至关重要，因为承诺会最大限度地帮助我们释放精神空间，关注应该关注的事情，从而获得自由。到现在，我还清晰地记得，在刚开始的那段日子里，当我冥想了一段时间却看不到任何变化时，我又一次开始质疑冥想的科学性，尽管这次和以前不同的是，我已经阅读了大量的资料。即便如此，我还是会经常性地陷入挣扎，脑中好像有两个小人在不停较量，红脸小人拿着喇叭不停说，"喂，要坚持冥想啦"，白脸小人则不断找出各种合情合理的借口。尤其是有的时候，当我一天中经历了很多不顺，心情无比糟糕时，脑子中那个白脸小人就会立刻跳出来耀武扬威，摆事实，讲道理，让我心安理得地认为，今天已经这么惨了，就不要再折磨自己进行什么冥想训练了，反正也不知道有用没用。在最初的那段时间里，这样的情况经常发生在我身上。

其实，当你感觉不好的时候，才恰恰是你最应该去做冥想训练的时候。我们对想法的觉察和我们的专注力不是一两天就能够训练出来的。长期的训练才能帮助我们更好地认知自我和观察思维，从而驾驭自己的情绪。只有这样，未来你感觉不好的频率才会降低，或者说我们能够更快速有效地从不好的感觉中抽离出来。一旦开始冥想，就要设立每天坚持冥想的承诺，哪怕只有 5 分钟。第 2 章中所讲述的经验依赖性神经可塑性告诉我们，重复性的训练比任何其他方式都更容易改变我们大脑的结构，形成新的神经回路。

留出 5 分钟去做冥想完全不是时间和精力问题，而是意愿和态度问题。就像锻炼身体一样，冥想是思维的精神健身房，而态度是我们在这个健身房里锻炼出来的精神肌肉。保持一种强烈的意愿，相信相信的力量，全身心地投入每一次正念冥想。我在给自己设立这个承诺后，每天冥想就如同每天要洗澡一样，只不过我所做的不是在净化身体，而是在净化心灵和思维。这意味着我再也不用浪费时间去做无谓的思想斗争：今天要冥想还是不要冥想？我好像没有时间冥想，冥想真的有用吗？没有了这些扰乱定力的念头，我反而获得了精神自由。

承诺是有目标的毅力。缺少了承诺，我们很容易就会被不断变化的感觉绑架。尽量不让自己去质疑正念冥想的价值，毕竟它的科学性在数千份的研究和几百万人的实践中得到了反复验证。我自己的体会是，你越是相信，并持之以恒地去练习，你在无形中会越靠近自己的目标。至少我自己就是这样，带着好奇、耐心和不评判的心态，在日复一日的正念冥想训练中重新正面"遇见"了那个曾经的小女孩，最终把偶尔出现在噩梦中的怪兽老奶奶彻底赶走。

释放与全然接受

释放是冥想的基础要义。释放不是让我们去做什么，而是让我们停止去做什么。有一段时间我双手的小拇指都出现了问题，以至在每天早上醒来后的半个小时里，我的两个小拇指像两根僵硬的木棍一样，第一个和第二个关节都不能灵活弯曲，而连接手掌的关节好似常年不用被锈住的轴承一样，只能一弹一弹地活动。在把类风湿、关节炎等能查的项目都查了个遍之后，我带着所有正常的检查结果，挂了运动康复科的号，因为唯一能让我想到的是那段时间我刚刚开始学习如何打高尔夫球。康复科主任在对我的两只手做了各种检查后，说："你握杆太较劲了，要把不对的力量释放掉。"这时我回想起我的高尔夫球教练在给我上课时，也会时常拽一拽我手中的球杆，她总是会发出一阵笑声，说："我不抢你的球杆，不用使这么大劲。"

很多时候，我们有非常多的执念，只有释放才能带给我们更多真正成长的自由空间。就像我们每时每刻都在呼吸，每一次呼气的释放都是为了给下一次吸气留出空间，正念冥想也是如此。当我们怀有仁爱、好奇和平和之心，全神贯注于自己当下的体验时，我们会慢慢学会不再较劲，通过和解全然接受。荣格说："当我们接受某事时，才会改变它。"

几年前，我曾主动参与过一次心理释放的干预训练，在那次训练中，我选择和姥姥永别了。其实那次心理干预训练是发生在姥姥去世的十几年之后。是的，姥姥去世那么久了，但我依旧无法从内心深处真正和她告别。

那是一次为期5天的高强度领导力培训，在课程中，我结识了组织与临床心理学家乔治·克莱瑟博士。他是美国的一名警察心理学家[①]和人质谈判专家，专注于攻击管理和人质谈判。他在横跨五大洲的100多个国家积累了丰富的临床和谈判经验。在一天的课程中，乔治特别讲到我们要学会和自己无法释放的感情说再见，尤其是和那些在我们生命中非常重要，但他们的逝去在我们心中留下无法抹去的阴影的亲人。

　　课程中，在被问到是否有类似经历时，30多个来自世界各国的学员中有很多人都举起了手。乔治从中随机抽选了一个学员，在征得他同意的前提下，进行了现场心理干预。这位学员是一位来自印度的40岁左右的企业家。他的哥哥在一起交通事故中丧生，而这起交通事故的发生和他有着不可分割的关系。我们在场的所有人目睹了乔治对他进行的20分钟心理干预，最后他在泪流满面中，和哥哥说了一声"Bye, bro（再见，哥哥）"，现场很多人也一同流下了眼泪。

　　午饭后，我发现他没有出现在下午的课程中。"他会不会受刺激了？""就这样和自己的哥哥说再见真的能有用吗？"学员议论纷纷。直到晚上，我还一直在揣测到底发生了什么。第二天早上，他带着祥和的、淡淡的微笑回到教室。在开始上课前，他和乔治在教室的一个角落聊了很久。我听不到他们在交谈什么，但从神情上可以看出他们的交流很愉快，似乎也很动情。当上课的铃声响起时，他们紧紧地拥抱了一下，那个场面特别温暖。我写了一张小纸条给他："午饭后我们可以聊一下吗？"

　　那天中午，我迫不及待地想知道他到底怎么样了。他说，昨

[①] 警察心理学家利用心理学科专业知识，为警察提供心理咨询和培训，以帮助他们更好地完成日常工作。

天下午之所以没来上课，是因为上午感受到的情绪实在太强烈了，自从他哥哥去世，他就再也没有过这么强烈的情绪。那天他在一个河边静坐了整整一个下午，时而思绪万千，时而一片空白。但令他惊喜的是，那天晚上，他梦到十几岁的自己坐在火车上，火车在一片田野上飞驰。他看到了一片一片的花海，梦中自己身上没有了那个巨大的书包，而这个沉得他喘不过气来的书包曾经多次出现在他的梦中。醒来后，他感觉棒极了。

听完他的描述，我真为他高兴。但与此同时，我也在想，这样的事情真的会发生在我身上吗？在回教室的路上，我下定了决心。在下午课程开始前的10分钟，我敲开了乔治办公室的门，告诉他，我希望能尝试心理干预。

那天下午在各小组进行讨论时，乔治来到了我们小组所在的房间。他对我进行了将近40分钟的心理干预，甚至还耽误了后面的课程，因为我总是无法和姥姥说再见。随着乔治不断的引导，我已哭到浑身颤抖，双眼紧闭，死死抱住扮演我姥姥的那位来自菲律宾的女学员。那位女学员50多岁，留着一头中短发，是一家企业的人力资源总监。我第二天还专门买了一件衣服送给她，因为她在扮演姥姥的过程中，整个右侧肩膀的衣服全部被我的眼泪、鼻涕、口水弄湿了。由此你就能够想象得出我当时哭得有多么投入和惨烈，以至于坐在讨论室里的4个男学员都跟着流眼泪。他们是我在那次培训中同组的同学，来自不同的国家，都是企业高管，当然沉浸在悲伤中的我当时对此全然不知。

最后在乔治耐心和反复不断的引导下，我依旧双目紧闭，一边抽泣，一边开始做深呼吸。多年的正念冥想训练把我从湍急的河流中捞起来并重新拉回到河岸上，把我从一泻千里的瀑布中带回到后面山洞的岩石上。我逐渐和自己的情绪拉开距离，最终我说出了那句："姥姥，我知道你在天堂很好，我在这边也一定会好好的。姥姥，再见！"然后，我松开了"姥姥"的手。此刻，当我写下这段文字时，当时的情景历历在目，但我现在能够感受到的是释放、平和、宁静。

那天下课后，我又和乔治交流了很久，向他讲述了我的故事。当得知我一直在做正念冥想时，他告诉我在心理干预后，如果能配合上冥想，尤其是慈心冥想（见图5-4），效果会非常好。这是因为根据布里奇斯变革模型[①]，对于伤痛干预的转变，在和过去说再见后，很多时候人们并不会直接迎来一个崭新的开始。[14] 在中间的过渡期，很多人会经历情绪的混乱，在过去与未来中纠结和挣扎，因此过渡期的自我干预就变得尤为重要。那次课程后，我在相当长的一段时间里坚持做慈心冥想，这也是除了正念呼吸冥想我最喜欢的冥想方法之一。

慈心冥想又被称为慈心禅（metta meditation）。"metta"为慈爱的意思。慈心冥想的要义就是通过一定的话术来引导思维以激发对自己和对他人的感激之情，这是一种可以深度安抚自己情绪的冥想训练方法。虽然和姥姥说再见的过程让我痛苦不堪，但在那之后的慈心冥想训练中，我感受到了越来越强烈的关爱，无论

[①] 布里奇斯变革模型，由组织管理专家威廉·布里奇斯提出。他认为在我们遭遇人生变化时，需要一次内心的过渡。

是对自己还是对他人。我会发现自己的思维模式发生了很大的改变，真正能够理解什么才是换位思考。这种转变会把我以前经常感受到的一种割裂状态整合起来，从而给我带来一种统合感。世界著名的脑科学家理查德·戴维森教授的研究表明，慈心冥想训练能够显著提高人们的同理心。而"奥林匹克冥想者"（经过长期慈心冥想训练的人）具有更强的幸福感和同理心，同时也会更加关爱自己。

图 5-4　慈心冥想

学会关爱自己本身就是一种治愈。英文中"heal（治愈）"

一词的本义是"使完整"。正念冥想就是帮助人们通过训练觉察，把我们的感觉和事物真正合二为一，由此感受到自己的完整性。这种对完整性的感知能够让人们与自己、与他人、与周围的世界建立更深刻的关联，带给我们强烈的归属感，从而跳出自我，并将自己融入更大的整体。正念减压疗法的创始人乔·卡巴金博士在《正念，此刻是一枝花》中写道："健康、治愈、神圣等词在我们的语言和文化中蕴含的一切寓意都存在于整体性中。在感知到自己本质上的整体性之后，……，在一切有为和无为中，我们都能获得宁静。我们会发现宁静一直就在我们的心里，而当我们触摸它、倾听它的时候，身体也只能触摸它、体味它、倾听它。就这样，顺其自然。而心灵也会来倾听，获得至少片刻的宁静。敞开心胸，虚怀若谷，我们会在此时此处找到平衡，找到和谐，……"

4个月后的某一天，在课间休息时，我接到了妈妈打来的电话："今早姥爷的各个器官突然衰竭，医生说估计挺不过中午了。"姥爷是抗日军人，在一个月前刚刚过完100岁生日。过完生日后的那个月，姥爷突然身体不适，经过了几次抢救，但都转危为安。本以为自己做好了心理准备，但当这一刻真的来临时，巨大的悲伤还是铺天盖地般袭来。

家里的亲人纷纷放下手头的工作，赶往医院见姥爷最后一面。可我当时只有15分钟的课间休息时间，教室里还有70多个企业家学员，接下来还有一个半小时的课程才到午休。这么多年，作为一名教师，我从来没有因为个人原因取消过课程，更不可能在课程中间撂挑子走人,但这次不一样。我深深知道,十几年前没能见到姥姥最后一面,给我带来了巨大的心灵创伤和心理余震。和姥姥一样,姥爷在我生命中的重要程度不言而喻。

经过了短暂的思想斗争,我不再纠结,回到教室把实际情况告诉了大家。在同学们的一致同意下,我做好了课程安排,风驰电掣地赶到医院。冲进病房的那一刻,姥爷还在,但妈妈说姥爷已经没有任何反应了。我趴到他耳边,呼唤了一声:"姥爷,我是萌萌。"姥爷竟然发出了很微弱的"嗯"的声音,同时眼睛睁开了一下。在姥爷睁开眼睛的那个瞬间,我看到他的两只眼睛几乎全部变成了白色,随后就闭上了,无论我怎么呼唤,姥爷再也没有了回应。但姥爷还在,整个中午,我拉着姥爷的手,眼泪在脸上放肆地无声流淌。一个小时后我不得不离开医院,因为我要回到教室去兑现我给学生的承诺。临走前,我和姥爷说:"姥爷,你要和姥姥去天堂团聚了,我知道你们在天堂会很好,我在这边也一定会好好的。姥爷,再见!"走的时候,我在姥爷的脸颊上轻吻了一下,他的脸颊还有一丝温度。

下午下课后,我第一时间拿起手机,看到了妈妈的信息:"姥爷已经走了。"没有遗憾。

回到4个月前完成心理干预的那天晚上,我其实很平静,没有做梦。实际上,之后的很长一段时间我都没有梦到什么。没有驰骋在遍野鲜花中的火车,也没有任何我曾经想象过的画面。但就是在那段时间,在反复进行慈心冥想的练习过程中,我不断"遇见"曾经的那个哭泣的小女孩。可不同的是,每一次的"遇见"都不再是逃避，不再是回忆那些刻骨铭心的细节。相反，就像我主动尝试和姥姥告别一样，我带着好奇、仁爱、积极的态度再次触碰这段记忆，并全然接纳了它。

有趣的是，和姥姥说完再见后，我再也没有梦到过曾经的怪兽老奶奶。也许姥姥和姥爷已经把怪兽老奶奶带走了，就像《西游记》中的仙人把偷跑到凡间作怪的妖精降服后收入宝葫芦一样。在慈心冥想中，我不仅对那时的自己进行了关爱，对曾经的那个小女孩进行了关爱，我还尝试对怪兽奶奶投入友善之情，感知她的存在，并渐渐发自内心地对她说："希望你在天堂也能快乐、幸福、健康，远离烦恼和痛苦。"这就是在做慈心冥想时我们需要不断重复的引导语，对自己、对亲人、对陌生人、对你不喜欢的人，甚至对所有的生命，都是如此。正如心理学著作《少有人走的路》一书中所强调的，人生的安全感往往源自充分体验人生的不安全感。

接受是正念冥想中最重要的态度之一。真正的接受是指你不对自己的经历进行好与坏的评价和判断，而是要承认、慢慢靠近并领悟这种经历。在情感的世界中，从 A 抵达 B 的最佳路径不是强迫自己无畏艰险去到 B，而是首先接受 A 的位置。神经科学家在研究中发现，乐观的人总会以接受模式用积极的思维去面对困难和挑战。相反，悲观的人却习惯于用防范模式去否定问题和情境。

戴维森教授和他的团队经过多年的实验和研究发现，防范和逃避的思维模式能够激活大脑右侧的前额叶皮质，而抑郁神经通常就活跃在这里。持续的悲观式反刍和习惯性的消极逃避思维都是导致抑郁发生的原因。相反，接受现实的思维模式能够激活大脑左侧的前额叶皮质，而这部分神经通常会让人变得更加积极。事实证明，8周的正念冥想训练会让人们带着友善、好奇的心态去感受和接纳令人不愉快的想法、情绪与身体感知，能够帮助人们大脑的活动从右侧的抵触和无助模式转移到左侧更具创造性和积极性的接受模式，让人们感受到更多的意义和更为健康的人际关系。

实际上，接受与释放并不是遥远的大道理。还记得第4章中提到的帮我治疗颈椎的盲人赵医生吗？在一次治疗手指的过程中，我疼得吱哇乱叫，赵医生说："你尝试一下聚焦疼痛，就是充分靠近一下这种疼痛的感觉，感受它，不和这种疼痛抗争，就感受20秒，然后你再叫。"果然，这种直面疼痛的方法让我没有疼得继续大叫。其实疼痛依旧在，只不过你接受了它。这和冥想中感受身体的不适和疼痛是一样的。只是很多时候，人们在紧要关头，就把道理和方法放在了一边，顺从了本性。因此，将正念不断融入生活是其本质，只有这样，我们才能更好地觉察。

正如一行禅师所说的那样，正念冥想将人的意识和生命相连接，由释放所产生的空间能够让人们真正的身心合一。被称为美国运动心理学第一人的提摩西·加尔韦用将近40年的时间探索体坛顶尖选手在赛点时的决胜法宝。他发现运动员的身心合一是真正能够帮助他们战胜心魔的关键。在每一场激烈的比赛中，运动员都需要在与对手的外在比赛和与自己的内在比赛之间找到平衡。内心的消极心理惯性是很多选手无法获胜的最大障碍，而冥想训练是能够帮助运动员放下执念，克服内在障碍的有效方法之一。比如，网球运动员在比赛中的两个回合之间，会专注于自己的呼吸。他们在把控呼吸的节奏和关注呼吸的变化中获得安宁和平静，这种状态是身心合一后专注的放松。当运动员有意识地保持无意识时，这种全神贯注和心如止水使他们可以在接下来的比赛中保持放松和专注状态，释放最大潜力，实现突破。不仅运动员如此，所有希望在人生中不断成长的人，都需要训练自己在专注和放松之间达到平衡的能力。放松是正念冥想的起点，我们的思想、感情、认知、心绪等都需要经过不断的觉察和探索之后，才能在专注的放松和放松的专注中得到释放。一个人只有懂得如何释放，才有可能拥有宁静的心境与清晰的头脑。

现时此刻

许倬云先生在《中国文化的精神》中也特别讲到修心的重要性。他对《西游记》的诠释对我很有启发："《西游记》竟将人间的许多艰难困苦，内化为内心的挣扎，由认识欲望到克服欲望、提升自我，终于悟解一切俱空而得到自由。因此，这项小说的串联，谱成了既悲又喜的人生心路。"贯穿整部《西游记》始终的其实是唐三藏对自己内心的征服，而齐天大圣孙悟空就是唐三藏的内心。孙悟空从被压在山下 500 年仍然不服管束，到因为害怕紧箍咒一次又一次地被降服，再到最后立地成佛的转变过程，恰恰映射了一个人内心的修炼过程。西天取经看上去是远行，但其实是修心之旅。

正念冥想是无须远行的修行，它教会我们对正在经历的事情给予不带任何偏见或评判的关注，活在当下，在保持觉察的状态中安顿心灵。人在行动的过程中往往看不到阳光下舞动的灰尘，只有当我们静下来的时候才能看到。舞动的灰尘犹如我们的想法，它们一直都存在，关键在于你是否有意愿并有能力觉察到。冥想带给我们平静，而平和是感知幸福的基础。就像马修·里卡德在《幸福》一书中写道，幸福是一种形成并贯穿于一切情感中的深度的宁静和安详。

通过长期持之以恒的正念冥想训练，我发现自己感知并感恩生活中那些细小事物的能力越来越强，感恩的同时自己也收获了一份幸福。就比如在一字一句撰写并反复修改这本书稿的过程中，每当我在倒茶时，都会保持一份正念。把白茶和少量陈皮放入我喜爱的磨砂玻璃茶壶中，浸泡一小阵子，拿出中间的茶漏，茶水在玻璃茶壶的磨砂中映出一丝透亮，倒入小茶杯中的白茶混合着陈皮的那种特殊的芳香，入口甘甜，沁人心扉。正如《忏悔录》的作者、古罗马帝国时期天主教思想家奥古斯丁的一句箴言："幸福，就是继续追寻已经拥有的东西。"

冥想不只是一门技术，它更是一种生活方式。每日晨起喝完一杯温水后，我便开始这一天的冥想训练，大概持续20分钟。卡巴金博士曾总结说，清晨是进行冥想训练的绝佳时机。不仅如此，我还会让日常生活更具冥想的品质。比如在需要长时间专注工作前，我会安排3分钟身体扫描或者提神冥想；有时由于过度兴奋或者太过疲劳而难以入睡时，不到10分钟的正念呼吸冥想就会助我安然进入梦乡。将正念融入生活的方方面面才是正念冥想的真谛，无论你是在等电梯、排队买单、吃饭、走路，还是与人交谈的过程中。

除了正念呼吸冥想和慈心冥想，我还为自己定制了音乐微笑冥想的训练。每听到一首好歌，我便会带着正念重复听上好几遍，专注于这首好歌的音调、歌词及其背后的寓意，一边听音乐，一边保持轻柔的微笑。一行禅师说："微笑可以让你掌控自己，当你微笑时，你会发现微笑的奇妙。"因此有意识的微笑能够帮助我们享受冥想的过程。

除了音乐微笑冥想，我还会时常有意识地采用杜彻尼微笑方法。著名心理学家保罗·艾克曼在1990年发表了一篇很有影响力的论文，提出真实的、发自内心的杜彻尼微笑是最富感染力的笑容，也和人们的积极情绪与愉悦感息息相关。杜彻尼微笑的特点是饱满的笑容，面颊提升，牙齿露出，最重要的是伴有眼部鱼尾纹的出现。相对于这种具有亲和力的纯净式笑容，礼貌式的假笑只有扬起的嘴角，眼部的肌肉却没有改变。在适当的场合，我会享受杜彻尼式的大笑，挤出的鱼尾纹又何尝不是生命中最美丽的馈赠。久而久之，当我有意识地进入无意识大笑的状态时，自然会流露出满满的幸福愉悦感。正念冥想能够系统地帮助我们提升自我觉察，与之相伴而生的是我们得以洞见万事万物相互关联的智慧。智慧是一种能力，它是一种能让我们摆脱对外部的依赖，从我们自身找到幸福的能力。

这就是我的故事。在引言中我曾问过，你的一生中有过像我一样的至暗时刻吗？有或没有，都好。每个人都会经历人生海海，就像提出习得性无助理论的两位心理学家，塞利格曼在幼时经历过父亲中风早逝带来的痛苦，梅尔则是在纽约市布朗克斯区的贫民窟长大的。年幼时的无助并没有将他们摧垮。

梅尔和他的学生在前几年的最新实验中，再一次用老鼠电击实验验证了习得性无助的经典理论。[15] 但这一次和以往不同的是，同一组老鼠分别在处于幼年期（5周）和成年期（10周）的时候接受了两次电击实验。结果发现，那些在幼年期经历了不可逃脱电击的老鼠，如果在成年后再次遇到同样的经历，它们就会极度畏缩。相反，那些在幼年期经历了电击但具有掌控力的老鼠，它们成年后再次经历电击时不会轻易无助，也就是说，有韧性的老鼠更具冒险性。因此，如果我们在年轻时经历过重大挫折，但想方设法克服了它，我们大脑中的回路就能够被重塑，从而发展出一种不同但强大的韧性以帮助我们应对未来的困难和挑战。就像资深的心理咨询师洛莉·戈特利布在被她的心理咨询师治愈后所说："假如不痛苦，你就不曾体味真实的人生；假如你也深陷痛苦，你凭什么帮助别人？"

最后用曾国藩的这句名言来结束正念冥想这章最合适不过了：既往不恋，当下不杂，未来不迎。

韧性认知

- 在冥想中，我们不断训练的目的是让自我从想法中剥离，养成观察自己思维的习惯。
- 冥想真正帮助你实现的，是改变你和你自己想法之间的关系。想法仅仅是想法，想法并不是事实。
- 正念冥想教会我们对正在经历的事情给予不带任何偏见或评判的关注，活在当下，在保持觉察的状态中安顿心灵。
- 智慧是一种能力，它是一种能让我们摆脱对外部的依赖，从我们自身找到幸福的能力。

韧性练习

1. 有关正念冥想的推荐书单：

    《正念的奇迹》

    《静心冥想》

    《正念冥想》

    《正念：此刻是一枝花》

2. 本章最好的练习就是去体验冥想，深入学习并坚持下去。你可以扫描下面的二维码，跟随我的声音，尝试几种我最常用的冥想方法。以此作为开始，然后拓展开来，在阅读专业书籍或者跟随专业导师学习后，体验不同的冥想方法。记得,找到适合你自己的方法最为重要。

图 5-5 冥想音频二维码

第三部分

韧性飞轮之意义

人生有何意义？这似乎是每个人自我觉醒之路上必经的拷问。在现实生活中，无论对人生意义有没有明确的界定，很多人都无奈地陷入信仰缺位、价值混淆和目标模糊当中，都在经历一种痛苦的"撕裂"。与撕裂相对的状态是"一致"和统合。研究实证和很多学者的主张表明，连贯的事物和体系会运行顺畅，不连贯的世界观会产生内部矛盾，举步维艰。[1] 个体、企业和行业都是如此。因此，当一个人在身体、心理和社会文化三个层面连贯一致，实现高度整合时，人们就会找到人生的意义。

本书中韧性飞轮模型的三个叶片代表了个体与自我、世界和他人三个层面的关系。在第三部分中，第 6 章将解构"热爱"的深层含义，呈现从积极体验到专注热爱的演进过程；在此基础上，第 7 章重点介绍我们该如何从热爱的维度重新去认识时间管理，并通过"热爱四象限"对工作和生活事务重新进行分类。尤为重要的是，第 7 章以真实的案例作为出发点，创立"意义树"行为导图和树状图的梳理方法，以此来说明如何通过定期、可视化的回顾，发现那些目标-行为系统中的不一致和空缺，以此激发我们的反思与改变。原创意义树工具的目的并不是给你的人生意义贡献唯一答案，而是为每个人探寻人生意义和行为目标的一致性提供可借鉴的路径和思维通道。时间即生命，相比无意义的混沌，行为和目标的偏离往往更难被发掘。如果我们每天的行为都花费在和高层次目标无关或弱相关的活动中，那么无论我们在当下多么努力且沉浸其中，最终都会在偏移航线时悔之晚矣。

生命只有一次，追寻意义本身就是意义。

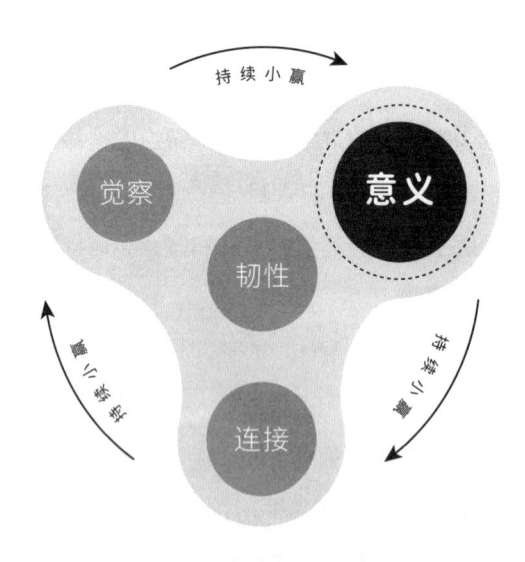

图Ⅲ-1 第三部分导图

第 6 章　专注的热爱

> 世界上只有一种英雄主义，就是看清生活的真相之后依然热爱生活。
>
> 罗曼·罗兰

意义源自热爱——找寻自己的 π

进入"现代"之后，学者和思想者一直持续对整个社会的特征和人们的精神状况进行洞察。马克斯·韦伯作为 20 世纪最重要的思想家、社会学三大奠基人之一，在《学术作为一种志业》的演讲中，曾有过一个著名的判断："我们这个时代，因为它所独有的理性化和理智化，最重要的是，因为世界已经被祛魅，它的命运便是，那些终极的、最高贵的价值，已经从公共生活中销声匿迹。"[1] 和现代人相比，古代人很少去反思、追问乃至追求个人的意义。因为当时的人们生活在一个有"魅惑"的世界中，相信有超验的神秘力量存在，万物有灵——这种神秘精神，让古人觉得自身与宇宙连接成为一个整体，并从中获得了存在的意义。然而，理智化的光芒驱散了魅惑的迷雾，人们在梦醒时分，在精神上会感到"荒凉"，信仰的神秘根基消失了，而科学又无法给生命的意义提供新的根本依据。[2]

对于祛魅之后的现代社会，韦伯并没有给出价值判断，而现代社会的重要思潮之一是个人主义的崛起。哲学家迈克尔·沃尔泽认为，新型的社会造就了自由主义"孤立的个体"，也就是我们常看到的"原子化的个人"①。[3]而造成这一原子化过程的"元凶"，首先便是高度流动性带来的社群"脱钩"，流动性包括4个方面：地理上的流动、身份的流动、婚姻的流动和政治上的流动。沃尔泽将高度流动的社会状况称为"后社会状况"。原子化的个人是被后社会状况塑造出来的"后社会的自我"。

科技进步和经济发展，让身处网络时代的每个个体都拥有了空前丰富的资源和选择的可能性，我们可以自由地选择生活的地点、工作、伴侣和爱好，个人的终身成长也成为很多人的诉求。但同时，自由的发展让每个人不得不独自面对高度不确定的世界。特别在过往40年高速增长的中国，在高度流动性带来机遇和丰裕的同时，孤独、迷惘和失落也如影随形、挥之不去。焦虑成了社会心理的新常态。

---

① 汉娜·阿伦特在其著作《极权主义的起源》中，把现代社会中的人形容为"原子化的个体"。这个原子化的个体是孤独的、埋头于物质享受的、完全"私人化"的，这样的个体普遍存在，并且这些个体之间也没有强有力的联系。

在授课期间以及与众多企业家交流的过程中，我时常听到"无力感"三个字。很多企业家和高管坦言，尽管自己表面上看似光鲜亮丽，但实际上内心已经濒临崩溃，这种无力感的蔓延是一种说不出的痛。一个最具体的表现就是他们将每天的日程表塞满。时刻都能被找到和信息过载带来的直接后果就是生活节奏越来越快，失控感越来越强。这种麻木的忙碌使得人们与自己的情绪和感受之间的连接越来越少，从而在不知不觉中进入一种"驴拉磨"的状态。我们用忙碌的假象作为黑色头套，一圈一圈地不停转动，却不知前行的方向和意义到底在哪里。

在《人生有何意义》中，胡适认为，"人生的意义全是各人自己寻出来、造出来的，高尚也好，卑劣也罢，清贵、污浊、有用、无用等等，全靠自己的作为。人生的意义不在于何以有生，而在于自己怎样生活。……你若发愤振作起来，决心去寻求生命的意义，去创造自己生命的意义，那么，你活一日便有一日的意义，做一事便添一事的意义"。在条件极端恶劣的纳粹集中营中，奥地利著名心理学家维克多·弗兰克尔凭借着对生命意义的追求成了极少数的幸存者，他所创立的"意义疗法"以及他的著作《活出生命的意义》影响着几代人对生命与人生意义的反思和追求。

我们在做企业调研的过程中发现，尽管不少中、高管已经拥有高薪和体面的工作，但是很多人的职场与生活状态非常差。我们甚至在访谈中听到一家企业的一把手这样描述自己的状态："很多时候我觉得自己像个永动机，不停转、使劲转，能够让永动机停下来的那把钥匙却插在我的后背上一个我无法够到的地方。所以时间长了，也不知道这样不停转下去到底是为了什么。总之，就是这样一直转。"类似这位一把手的状态并不是企业高管所独有的，实际上，很多职场人士也像永动机一样高速运转着。有些人努力挣扎着寻找永动的意义，而更多的人由于现实的种种限制，受生活压力所迫，自己所学的专业和从事的工作时常不是自己所喜爱的，由此产生很强的挫败感，在不知不觉中选择用忙碌蒙蔽内心对意义的渴望。很多人认为，工作与追求个人爱好是鱼和熊掌不可兼得，因此总会将"我先拼命工作，等我有了钱，有了时间，再去……旅游，再去学……，再去实现……"的思维方式带入日常生活。

大量心理学研究表明，做自己喜爱并擅长的事，是幸福感的重要来源，也是人生意义的重要构成部分。[4] 因此，韧性的获得需要我们跳出 T 型人才（既有广泛的基础知识，又有一项专业优势的人才）的禁锢，将自己打造成"π 型人才"。π 型人才是由新加坡政府提出并在新加坡得到广泛应用的一个教育理念。盛行已久的 T 型人才已无法应对 VUCA[①] 时代的冲击，而 π 型人才注重在两个甚至更多个深层领域的不断培养和迭代，兼顾工作技能与个人爱好，同时配以对多个领域的丰富涉猎，因此具有极强的灵活性和韧性。π 型人才犹如人用两条腿走路，一条腿代表工作上的核心技能，另一条腿代表热爱生活中各种可能的能力。

---

① VUCA 是 volatility（不稳定性）、uncertainty（不确定性）、complexity（复杂性）、ambiguity（模糊性）的首字母缩写。

在职场发展中，最具灵活性和优势的状况是两条腿上的能力可以相互转换、相互促进。

就像在新冠肺炎疫情防控期间，很多与出行或与社交聚集强相关的工作都受到了巨大的影响，有的行业面临大幅裁员的压力，曾经从事相同职业的人群却出现冰火两重天的境况。在一部分人举步维艰，面临失业的重重压力时，另一部分人却因拥有 π 型的第二条腿开辟出了意想不到的职业通道。新加坡政府在制定人才培养战略时，会给予每个年轻人资金支持，鼓励他们去学习和培养与当前职业不相关的新爱好、新技能。[5] 很多时候，业余时间里的这些"无用之用"反而会带给人们思维上的洞察力，助力工作目标的达成。作家梁文道曾写道："读一些无用的书，做一些无用的事，花一些无用的时间，都是为了在一切已知之外，保留一个超越自己的机会，人生中一些很了不起的变化，就是来自这种时刻。"因此，发掘并培养专注的热爱是持续学习和终身成长不可或缺的部分。

"热爱"对应的英文单词为"passion"。人们对"passion"这个词的第一反应往往是"激情"，而在《牛津词典》中，对"passion"的注释包含强烈的情感和热衷的爱好（a very strong feeling of enthusiasm）。与稍纵即逝的激情不同，热爱是可以持续一生的，而专注的热爱代表把长期的时间和精力投入对热爱的追求。有的人会认为，热爱是"随缘"的兴趣，和生命中的真爱一样，可遇而不可求。两个人相遇并建立亲密关系可能有一定的偶然性，但人与事物的热爱关系不同，这种关系是可以培养出来的。爱情中的美好体验，并不在于"白马王子"和"白雪公主"从天而降的惊喜，而是相处过程中两个人的互动和创造。心理学家斯科特·派克认为，爱是一个长期、渐进的过程，爱需要付出努力，爱是一种意愿，只有强大到足以转化成行动的欲望，才能够称为意愿。[6]因此，热爱不是碰运气，也不是藏在万物之中可以"找到"后直接拿来的"现成"的存在，而是一个主动去发掘、经历和培养的过程。从掌控感的角度来看，热爱的深化过程如果伴随着能力的持续提升，将是一个正向循环，就像游戏由易到难的通关打怪，在一步步的难度进阶中，循序完成更难的挑战，收获积极的体验。

然而，热爱的进阶并不意味着只有做得好才配得上，热爱并不是一场比赛。因此驱动我们持续投入的并不是要达到的"段位"，要取得名次，或者要"晒朋友圈"。在我接触到的企业家学员中，除了极个别情况，很少有人能在几年内在自己热爱的领域成为大师，当然达到专业级水平的大有人在。以优越感为代表的外在动力不可能持久，也注定充满挫败。热爱的驱动力是享受不断小赢的过程，去深化美好的体验。记得我在国外参加聚会的时候，一位美国朋友邀请我跳舞，我说自己不会，他说可以教我，我说我怕自己跳不好，他却说："人们不是因为跳得好才跳舞的，而是因为跳舞能让人开心。"

生活中有许多类似的场景：我可能注定不能成为职业选手而扬名立万，可是这并不妨碍我戴上拳击手套在训练场上挥汗如雨；我的画作注定不会成为传世名作，但我仍然可以把今天咖啡上好看的拉花画到日记本里；我写的这首小诗不能发表，但是我可以在孩子睡前读给他听。喜欢一件事情，并不是必然要成为他人眼中的高手，只需比过去的自己进步一点，能够和他人分享更多一点。心理学家爱德华·德西和理查德·瑞安在他们提出的自我决定论中指出，人们的内在动机，而非外在动机，是人类自我决定行为过程以及持久改变的核心所在。自主的需求能够激发人们的内在动机。因此，如果人们发自内心的因喜爱而做出自主选择，就会在行动中被真正的自我掌控。[7]

激活积极体验

人们的兴趣不是通过反思得来的，而是在与外界的互动中体验到的。当我们希望发掘并找到自己的 π 时，我们首先需要自主地去激发各种各样的热爱（见图6-1）。热爱的养成并不能一蹴而就，也是一个持续小赢的渐进过程。所有让我们感兴趣的正向事物，都能带给我们积极的体验：好奇、快乐、温暖、感动等。很多事情也许微不足道，只带来片刻的享受和愉悦，却是心理韧性重要的养料。心理学家认为，能够给人们带来满足感或幸福感的一个重要特质就是对生活感兴趣，而感到生活美好的关键行动之一即是去尝试并体验不同的兴趣。[8] 社会研究发现了一个惊人的规律：诺贝尔奖得主虽然都在各自的专业领域颇有建树，但他们对表演、音乐、美术、写作、手工艺等各项活动都有浓厚的兴趣。诺贝尔奖得主和普通的科学家在参与各项活动上的比例是：表演，22∶1；写作，12∶1；手工艺，7.5∶1；美术，7∶1；音乐，2∶1。不仅如此，研究还发现获得很多专利的创业者比他们的同龄人拥有更多的兴趣爱好，包括绘画、雕塑、文学创作、建筑设计等。[9]

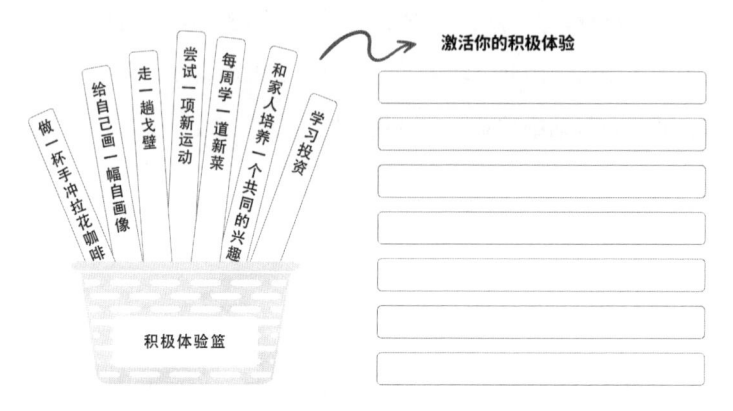

图 6-1 激活积极体验

激活积极体验是发现兴趣的第一步，这种自主行为的真正意义在于，你永远不知道一个看似毫不重要的小确幸能引发哪些连锁效应。这里和大家分享两个小故事。

我是一个重度爱猫人士。小时候和姥姥、姥爷生活的那段时光中，猫永远是美好记忆中的一部分。从我记事开始，抚摸猫、抱着猫的动作就一次又一次地在大脑中植入，以至在我有了孩子之后，都无须再学习如何抱婴儿，孩子和猫一样，在我怀里会舒舒服服地安然入睡。正如著名心理学家阿尔弗雷德·阿德勒的研究中所揭示的，一个孩子在童年的时候需要价值感和归属感，而我从和猫的相互拥抱中获得了满满的幸福感。

遗憾的是，出于种种原因，我现在无法在家养猫。为了满足自己内心深处的这种渴求，我会想方设法去创造积极的体验，比如看有关猫的视频、收集猫的各种小摆件、去闺密家看望她的猫等。最让我开心的是，近几年出现了一个新兴但正在蓬勃发展的产业——猫咖啡厅，也被人们叫作撸猫馆。我平常在北京、上海、深圳停留的时间都很多，所以我走过了这三个城市中很多的撸猫馆。每次去撸猫都会有不同的体验。在连续几天高强度的授课完成后，我都会选择一个空闲的下午在一个撸猫馆里坐几个小时，一杯咖啡，几只猫，一本书，有时就是静坐在我喜欢的猫旁边。有趣的是，作为行为学和心理学研究者，我的职业病会让我不由自主地观察周围的人，比如小心翼翼抚摸着猫的小女孩、手握逗猫玩具不停和猫玩耍的小男孩、举着相机追在孩子后面拍下孩子与猫互动画面的妈妈、把猫抱得歪七扭八的年轻小情侣，以及眼神忧郁、看着猫发呆的高中生……前来撸猫的群体中，还有一类是看上去在 25~35 岁年龄段的男青年。他们往往是一个人，一坐就是半天，悠闲自得，有的甚至把笔记本电脑打开，敲击着键盘，任由猫来回穿梭。猫走到身边的时候，他们会停下敲击键盘的手指，抚摸它们几下，然后再继续敲击键盘。

这样的场景引发了我极大的兴趣，让我想去探究撸猫背后的心理机制。一个偶然的机会，我看到一位学员发了一条特别的朋友圈。九宫格中是几只可爱的猫的照片，配的文案是"为员工提供撸猫服务"。我随后安排了对这位学员的访谈。我了解到，他的企业属于网络安全行业领域，即为企业提供网络安全服务。很多岗位的员工都是研发人员和具备黑客能力的技术宅男，他们非常喜欢猫。这位学员这样和我分享道："之前有些候选人接到offer（录用通知）不一定愿意入职，而现在有几只猫趴在办公区，就能吸引不少技术极客。我们这个行业相对封闭，猫的加入，让接到offer的人的入职率提高了50%。"

动物和人类对于皮肤接触都是有渴求的，这种需求也称"皮肤饥渴"。[10] 著名的恒河猴实验揭示出，对灵长类动物来说，柔软的接触对依恋的形成起到非常重要的作用。[11] 20世纪50年代末，美国发展心理学家哈里·哈洛提出了依恋理论。他和研究团队将一只刚出生的小猴子放入一个巨大的笼子中。铁笼中有两只用钢丝和机器人脑袋做成的假母猴彼此相邻。一只钢丝母猴身上挂着一个奶瓶，而另一只钢丝母猴身上用绒布包裹，软乎乎却没有奶瓶。和人们熟知的"有奶便是娘"的说法恰恰相反，小猴子只有在饥饿的时候才会趴在钢丝妈妈身上喝奶，而一天中除了喝奶外的绝大部分时间里，小猴子都会抱住那个软乎乎的"妈妈"。尤其是当一只玩具熊在旁边发出"铛铛铛"的声音时，小猴子更会紧紧地抓住绒布妈妈以获得安全感。

这一经典的心理学实验充分证明触摸对于安慰的重要作用。儿童对皮肤接触有最强烈的需求。充足的抚触也是婴儿护理的重要环节。在妇幼医院，针对早产儿推行的"袋鼠式"护理，是让母亲抱着婴儿，让婴儿感受母亲的体温和心跳，促进早产儿的身心发育。神经学家埃德蒙·罗尔斯所做的一项研究发现，触摸能够激活我们大脑中有关奖励机制和同情心的部分。[12] 触摸会引发大脑分泌大量的催产素，这种物质也常被称为"幸福荷尔蒙"。触摸还会降低我们的血压反应，使我们的心率和压力皮质醇激素水平下降。无论是父母对婴儿的抚摸、情侣或夫妻之间的爱抚，还是儿女对老人的反哺性拥抱和按摩，都是维系人们心理健康的重要因素。不仅在人与人之间，动物与动物之间、人与宠物之间亦是如此。

关于人们对接触宠物的渴望，网上流传着这样一个说法。如何降低离职率？在入职的时候给员工发一只猫，规定离职的时候还回去。乍一看是笑话，但现在已经成为企业管理的新风尚，越来越多的公司允许员工带宠物上班，撸猫已经成为有效提升员工满意度和忠诚度的手段。我了解到，不少企业都开始尝试人性化的关怀，在办公室专门设置了一个撸猫区，有专门负责行政的员工每天下班把猫抱回家，上班再带回来。因此，这不仅是性格内向的网络极客们的需求，也是很多人的需求。

我的另一位学员还给我提供了一个案例。在广州一家知名的连锁五星级酒店里，员工们发现一只流浪猫经常光顾酒店大堂，酒店的 CEO 不仅没有命令员工驱赶流浪猫，反而在酒店大堂为这只流浪猫定制了一个软软的猫窝和靠垫，并请酒店的工作人员每天喂养这只流浪猫。想不到，流浪猫一下子成了酒店的"网红代言人"，不少人会专程来看望这只猫，与它合影，给它送猫粮，在社交媒体上引发了持续关注，出乎意料地为酒店带来了热度和客流。

有关猫的案例我还能举出很多。但我相信看到这里，大家应该能够体会到，积极体验的激发并不仅限于某一个兴趣、一个爱好或者无意间做出的一件开心的小事。但由此开始，积极体验本身就能激发很多意想不到的收获。我因为喜欢猫，去积极寻找不同的撸猫方式，由此打开了一扇大门，去关注相关研究领域和周围生活中与猫有关的事件，意外地收获了很多对自己的工作和生活都非常有启发的认知和体验。

与此相似，就在修改"激活积极体验"这部分书稿期间，我带着两个孩子去看了火爆北京城的"凡·高再现"沉浸式光影展。在去观展之前，两个孩子仅仅是把凡·高的画等同于他们小时候上绘画课临摹过的《星月夜》。但一次光影展让他们了解到，在凡·高年仅37岁的生命中，他创作了800多幅油画、1 000多幅素描，还有上百幅水彩画作品。当然，在赞叹不已之余，为何他年纪轻轻就结束了自己的生命，心理健康对于人们的幸福为何如此重要，成了那天下午我和孩子们讨论的一个话题。

每一个自主激发的积极体验实际上都会变成在第4章中提到的"三个幸福时刻"的重要来源。通过主动寻找并记录生活中美好的事情，我们创造的积极体验可以有效提升自己的心理资本，不仅能够帮助我们强化日常生活中的觉察能力，而且是帮助我们不断丰富人生意义的重要元素。其实工作和生活中到处都充满着各种各样的非常有趣的元素，关键在于你是否有意愿努力让自己成为一个具有丰富感受能力的人。

第二个我想和大家分享的小故事与养猫不同。我从来不会养花，却激活并体验了一段非常特殊的"云养花"经历。

2020年年初的特殊时期，很多人在"居家"的经历中练就了各式各样的技能，比如健身、厨艺、园艺……我的新体验是养"萝卜花"。我妈妈平时喜欢养花，也喜欢自己发豆芽、发蒜苗、种三七，用来拌凉菜吃。当时，妈妈、我和远在国外上学的女儿分别在三地。在一次视频通话时，妈妈拿来一个小塑料盒，里面是她做饭切下来的萝卜头，泡在水里已经长出了翠绿的小叶子。妈妈说："你们两个五谷不分的人，知道萝卜头会开花吗？"于是妈妈、我和女儿在三地同时开启了萝卜头实验。我养起了白萝卜头，女儿养起了胡萝卜头，妈妈两种一起养。我们通过微信和视频通话更新彼此的进度，同步小欢喜和小失败，来了一场"云养花"。在养萝卜花的5个月时间里，培育的过程并非一帆风顺。有的萝卜怎么也不发芽；有在萌芽几天后就夭折了；有的虽然长出了苗壮的叶子，但迟迟不见花苞出现。最后留下来的萝卜头，切下来的根部发黑并开始腐烂了，却倔强地开出了一朵一朵蝴蝶一样的粉色小花（见图6-2）。

如果只看这段养萝卜花的经历，你多半会给我贴上小资情调或是闲情逸致的标签。事实上，在特殊时期，担忧及悲伤是与喜悦相伴随行的。坦白地讲，刚开始养萝卜花并非出自兴趣，更谈不上喜爱，也没有对萝卜能够开花有过任何的向往。做出这个决定的唯一原因是女儿因新冠肺炎疫情滞留在国外无法回到我们身边。她是全校唯一一个在举目无亲的环境中封校后无家可归的孩子。可想而知，我和女儿的心情随着学校的各种通知上下起伏，

图 6-2 萝卜花养成记

如同坐过山车一般。我不希望她在这样的逆境中因这种无法预测的不确定性而过度焦虑，因此以一件养萝卜花的小事作为我们获取小小掌控感的媒介。

我和女儿时常分享着彼此的经验：放多少水，多久换一次水，萝卜削掉多少比较不容易烂根，每天给萝卜头晒多久太阳，等等。萝卜头一天天的变化给我和女儿带来了很多快乐，那段时间我们会在每天早晨起来后第一时间给萝卜头拍张照片，发在群里。我给女儿讲述小赢（small wins）的理念，而每次她都会笑嘻嘻地纠正我："妈妈，再试试 wins 的发音。"（说来奇怪，在美国生活了那么多年，英语发音很标准的我就是无法 100% 准确发出

wins。)让我意想不到的是,这个小小的萝卜花给我带来了这么多回到当下的感受。有时我会仔细观察萝卜头,因为它们的确每天都不一样,我甚至会把这种观察作为我日常冥想训练的一部分。一次次地觉察和一次次美好的体验互相强化,带给我完全超出预期的灵动。养萝卜花这样一件看似无用的小事,其实也是一次掌控感的训练。在特殊时期带来的巨大不确定性中,在焦虑、无助、迷惘之外,我们还可以一天天地静待花开,从点滴变化中感受到生命的力量。

2021年,《个性与社会心理学杂志》刊登的一篇最新学术文章指出,人们有必要每天给自己留出一些空闲的时间做一些有趣的事情。研究结果表明,"最佳空闲时间"是每天2~3个小时,少于2个小时或者多于5个小时人们会感觉更糟。更为重要的是,研究发现,当人们收入相近时,空闲时间较少的人生活满意度较低。[13]重新对休闲时间进行认知非常重要。在一项心理学研究中,被灌输了"休闲时间是有益的"思维的受试者比那些被灌输了"休闲是一种浪费时间,毫无益处"思维的受试者更能够专注并享受观看休闲视频的过程。研究者发现,当人们认为休闲是一种浪费时,伴随而来的往往是较低的心理健康水平和幸福感,以及较高的焦虑和抑郁水平。[14]因此,即便躺平也要学会"认真地躺平",否则我们会在"焦虑地躺平"中胡思乱想。

激活生活中的积极体验可以帮助人们成为具有丰富感受性的人,这就需要我们不断去延展自己能够感受到且感恩身边细小事物的能力。契克森米哈赖在《心流》中讲道:如果我们在做一件事情的时候感到无趣，这不是那件事情本身的问题，而是我们做事的方法不对。不是生活中没有快乐，而是我们经常错过很多能够感受到快乐的机会。

很多人可能会认为细微的敏感度是"双刃剑"，可以体会到更丰富的快乐，就必然会经受更为细密的痛苦体验。但在我看来，能够感恩细小事物的人，凭借认知重塑和心理资源的积累，可以人为地缩小大的痛苦和烦恼。久而久之，我们会朝着理想的平衡状态去发展，那就是在感知美好的事物层面，我们的情绪颗粒度越小越好，而在烦恼和逆境中，我们可以放大颗粒度，接纳并快速转化。《伦理学》作者、哲学家巴鲁赫·德·斯宾诺莎认为，人们的行动能力在困难面前容易被减弱，由此导致的成长受阻会使人们容易陷入悲伤，而积极的因素会加速成长，让人们在感到愉悦的同时增强能力。在斯宾诺莎看来，积极的体验就是"一个由小及大获得圆满的过程"，因此人们的不断成长、进步、突破就是快乐的源泉。

最新出炉的《2022年世界幸福报告》[15]中指出，在衡量人们幸福感有关正面情绪的部分，最近几年的一个显著变化是在量表中特别增加了一项"你昨天学到或者做了一些有意思的事情吗"。因此，激活生活中的各种积极体验，可以增加积极情绪的频率，从而增强人们的幸福感。但值得注意的是，仅仅对生活感兴趣不足以帮助我们找到自己的 π。前文中多次向大家提到的"经验依赖性神经可塑性"告诉我们，人类的大脑神经系统跟随经验而改变，而经验取决于我们关注的事物。由于大多数人并不是天生就具备对某一件事情的持久关注力，因此为了能够将过往的积极体验转化为专注的热爱，我们需要不断聚焦某一种体验，并通过科学的方法进行反复强化，直到这种积极体验固化为我们神经系统的一部分。这个聚焦过程就像将各种积极体验放入一个大的漏斗，不断筛选，最终深化并植入，成为 π 的元素。

深化与植入

　　心理学家巴里·施瓦茨说过："很多事情看起来很没意思、很肤浅，直到你开始做以后，才不会这么认为。一段时间后，你才会意识到原来很多方面是你一开始不知道的，其中的巧妙和欣喜都是在你坚持了一段时间，深入地投入之后才产生的。"[16] 因此从各种激活的积极体验到沉淀成更为持久的内在动力，我们需要经历一个有意识的深化过程。这是因为人类天生会倾向喜新厌旧，即便"兴趣"（interest）这个英文单词的拉丁语词源，从字面上解释都是"不同"的意思。当我们不断重复某一件事情时，出现无聊、厌烦心态是一种自然的情绪反应。因此找寻自己 π 的过程，不能止于开始尝试某一个积极体验时的惊喜，更需要持续去热爱。兴趣可以被发现，但热爱需要不断被发展和被深化。研究发现，大多数坚韧不拔的人都花了多年时间通过一系列的体验去反复激发和加强自己的兴趣。他们同样需要忍受事情变得不再像刚开始时那么吸引人的过程。然而，即便如此，对他们希望深化的兴趣，坚毅的人仍然保持孩童般的好奇心和持续探索的行动毅力。[17]

混沌创业营的李善友教授多次讲道："把眼前的事做到极致，美好的事物就会呈现出来，那个美好的事物竟然不是设计和规划出来的，而是慢慢做出来、长出来的。"因此，热爱不等于能够带来快乐的爱好或者消遣。很多人会泛泛地说自己的爱好是运动、读书或者看电影。出于减肥或者减压的目的，一些人会坚持运动，我们周末可能去咖啡馆喝咖啡，这样的活动和热爱相去甚远。热爱需要持续专注的投入，同时是不断进阶的，这就意味着深化体验和行为并非简单重复。

如第2章所述，持续小赢是整个韧性飞轮的动力，也是人们获得掌控感的有效方法。而能够让我们打造出自己的与众不同之处的 π，依靠的不是长时间的蛮干，而是经过认真思考并分层次、有步骤的阶段性提升。因此，最强的掌控感来自让自己不断能够体验到达成新的、微小的但不断升级的挑战性目标，即持续延展性小目标的达成，能够最大限度地提升人们的掌控感。研究表明，幸福感的重要来源之一是做自己喜爱并擅长的事，在自己喜爱的领域不断提高，甚至成为这个领域的专家，是追求人生意义的重要过程和结果。全身心地投入一个又一个充满挑战的延展性小目标，以实现个人成长并从中不断感悟人生的意义感，我们才能达到蓬勃的心理状态。

人们常说，喜欢一件事的极致表现就是到达"死了都要爱"的境界。这样的说法虽然有些夸张，但形象地说明专注的热爱表明了一种态度，那就是不管在何种状态下，不管面临怎样的困难，只要做这件热爱的事，甚至只要在脑中想到自己在做这件事，都能产生美好的体验。但与此同时，在深化过程中有一点需要注意，那就是韧性不等于盲目坚持。这当中涉及决策平衡问题：在什么程度上可以决定是继续坚持还是放弃？怎样做才不是浅尝辄止？

我来和大家分享一下我是如何在众多的运动中找到那个我"死了都要爱"的项目的，而这个过程就是从激活积极体验到深化与植入的一个有意识的选择和转化。这种转化不仅可以用于选择运动项目上，而且对我们希望深化并将其注入自己的 π 中的任何积极体验都同样适用。众所周知，运动有益身心健康。全球的数据和例证不胜枚举。《柳叶刀》根据对 120 万人在各种不同运动项目（比如跑步、慢走、健身操、游泳等）上的追踪研究发现，每周运动 3~5 次，每次运动 45 分钟是最减压的组合。[18] 运动可以刺激多巴胺的分泌，保持定期的、有规律的运动能够最大限度地促进人体内一种类似吗啡的化学物质——内啡肽的有效分泌，从而给我们带来运动后的极强愉悦感。但是，通过运动缓解压力和找到自己最适合且最喜爱的运动以提升韧性，是两个维度的概念，就像我们希望种出满园盛开的牡丹花，仅仅清除杂草是远远不够的，更重要的是我们需要在已经得到改善的土壤中播下好的种子，并不断浇水施肥，因此消除生活中的不利条件与构建生活中的有利条件远远不是一回事。

在确定自己应该选择哪项体育运动时，人们往往会陷入从众心理，习惯性地模仿三类人的行为：一是与自己亲近的人，二是大多数人，三是影响力大的、有权势的人。[19]我也不例外。在长江商学院，我们提倡终身学习、坚持锻炼以及持续公益向善。因此，长江商学院的每一个项目、每一个班级都有非常好的运动氛围。在企业参访学习过程中，许多企业一把手的马拉松奖牌墙都会吸引大家驻足膜拜。我曾加入过好几个跑步微信群，积极打卡，也期望着有朝一日实现人生的突破，拿下马拉松全球六大满贯的完成奖牌。这个愿望是认真的，我购买了跑步所需的各种服装、跑鞋和运动手表，为了不盲目瞎跑以致对身体造成不必要的伤害，我邀请专业教练纠正我的跑姿，调整我的配速。其实从开始跑起来到3公里、5公里和7公里的小赢是顺畅且愉悦的，但7公里变成了"卡脖子"的节点。在我努力尝试各种方法，用了一年半之久，依旧无法找到突破7公里瓶颈的那种喜悦后，我开始反思。

从小学开始，我一直是校田径队队员，原本以为凭借良好的身体素质把跑步培养成我热爱的一部分，应是水到渠成的事情。但是回顾以前的经历，我发现自己在学生时代擅长短跑、爆发力强，通过田径队的各种训练，我的优势项目以110米栏和4×100米接力为主，而长跑一直就是我的弱项。根据人的行为规律，带来持续痛苦的习惯是很难养成和坚持的。我们在选择希望能够专注的热爱时一定要慎重和理性。当我在持续进阶的运动训练中始终无法找到延展性小目标达成后所带给我的那份满足感和成就感时，我决定不再纠结于此，把适量跑步（对我而言，每周一次，每次3~7公里）作为自己众多锻炼项目的选择之一，仅此而已。我把更多的精力聚焦于找寻并深化可以成为我的 π 的项目。

在发掘热爱的运动的过程中,我首先不给自己设限,选择去尝试所有我认为有趣的运动,比如动感单车、器械力量训练、瑜伽、普拉提、拳击、跳绳、骑马、划船机等。如前所述,激活积极体验是第一步,而激活的前提是重复去做。对于每种积极体验,反复尝试若干次很重要,因为任何希望被深化的兴趣爱好都需要反复被激发。我通常会选择在尝试5~10次之后才去判断这种积极体验能否进入下一阶段——"热爱专注进阶"(见表6-1)。对于每一项经过慎重思考且能够入围的项目,有意识地坚持并记录使我受益良多。在这个过程中,将认知心理学家安德斯·艾利克森所提出的"刻意练习"与持续性进阶的小赢理念相结合,我找到了自己挚爱的那项运动:拳击。

表6-1 对积极体验进行多次重复

	积极体验	次数 1	2	3	4	5
1	跑1公里	☺☹	☺☹	☺☹	☺☹	☺☹
2		☺☹	☺☹	☺☹	☺☹	☺☹
3		☺☹	☺☹	☺☹	☺☹	☺☹
4		☺☹	☺☹	☺☹	☺☹	☺☹
5		☺☹	☺☹	☺☹	☺☹	☺☹
6		☺☹	☺☹	☺☹	☺☹	☺☹
7		☺☹	☺☹	☺☹	☺☹	☺☹
8		☺☹	☺☹	☺☹	☺☹	☺☹

第三部分 韧性飞轮之意义

从感兴趣到热爱是一个长期的过程。走向热爱，我们需要经历刻意练习的过程以把积极体验固化到我们的神经系统，从而转化为持久的内在动力。这意味着在深化与植入阶段，我们要在一项聚焦的体验上持续进步，在保持兴趣度的同时专注地投入。热爱的深化过程绝不是时间的堆积和简单的重复，而是要为希望深化的爱好制定一个持续进阶型的目标体系，不仅要分解，而且要进阶。这是一个目标明确、专注、即时反馈、突破舒适区的系统训练。

因此，深化的第一步是要清晰定义出可衡量的大目标。在条件允许的情况下，每天在固定时间和固定地点进行刻意练习是帮助我们克服惰性的法宝。过往的大量研究已经清晰地告诉人们，出于生存的目的，我们的大脑天生"懒惰"，不愿做出改变。任何动用大脑资源去思考的问题，比如我今天什么时候、在哪里做这件事，以什么频率做这件事等，都会耗损我们真正投入这件事本身的能量。将自己陷入复杂的预测、权衡和纠结是一种无端的消耗。因此，第5章中讲述的有关冥想训练时"每天冥想"的承诺，就是为了最大限度地为我们的思维空间提供自由，这样我们才能更好地聚焦于事情本身。"固定时间和固定地点"并不是让你死板地每天必须在特定的场所和时间进行练习，而是提示一个重要的思路，即在习惯养成的初期，要尽量去创造有利的条件，减少大脑中处理信息的环节。

在我们将每天在固定时间和固定地点做某件事的行为反复植入大脑形成神经回路的"潜意识"后，"肌肉记忆"行为的持续将会自然发生。我的拳击训练、冥想和日常记录的习惯已经完全植入我的大脑，无论在家还是出差，在模式形成习惯以后，某项能力的使用已经不再耗费我大脑的额外资源。当然，"每天冥想"的承诺并不意味着每天都要做。冥想训练每天进行有益健康，而拳击如果以天为单位进行训练的话，反而弊大于利。因此，无论是时间、地点、频率，还是适度承诺都可以根据实际情况灵活调整。

在阶段性大目标清晰化后，分层递进的持续小赢就变得尤为重要。每个阶段的目标都在不断提升，不断设立一个又一个进阶性小目标。研究显示，任何具有复杂性和高难度的能力都可以被分解成若干个子技能，我们需要做的就是针对每个子技能反复进行练习。任何领域的精进，高手都会专注于他们整体表现中一个非常小的方面（通常是需要改进的弱点），全神贯注地反复练习，并在此基础上，加大延展性目标的难度去实现不断的突破。

精通某一领域可以为人们带来"内部控制点"的感觉。心理学中的"内部控制"指的是人们认为自己的选择和正在经历的事情尽在自己的掌控之中，而不被外界因素左右，比如运气或他人。如前所述，人类对掌控感有一种特殊的情怀。研究发现，遇到极端天气时，飞行员坐在驾驶舱中所体验到的压力要远远低于坐在客舱中。同理，驾驶教练员会时刻把脚放在副驾驶的刹车上。在一件事情上达到精通的水平不仅让我们感觉良好，被提升的内部控制感也会让人们的行动变得更为高效，取得学业和事业上的成功。[20]

当然，做到精通某个领域需要我们不断跳出舒适区，持之以恒地练习。在某些具有竞争性质的比赛中，运动员可能会以牺牲愉悦感为代价去做刻意练习，从而挑战这个领域的最高难度。对常人而言，打造韧性不是一场比赛，而是持续一生的功课，我们需要在达成延展性目标和获得自我满足感之间找到平衡。咬牙切齿地拼命是很多人在坚持中感到痛苦，从而无法持续的重要原因。因此，每一个阶段性目标的努力和深化既不能过短，也不能过长。几次的尝试不足以让人们享受到经过努力而实现突破的愉悦，但因长时间失去喜好的盲目坚持所消耗殆尽的心理资本会令人们产生无助感，从而失去尝试其他可能性的动力。

在热爱深化的过程中，将大目标以 4 周为单位具象成初阶小目标、中阶延展目标和高阶延展目标是操作性较强的方法。研究表明，任何新习惯和新技能的相对稳定和固化都需要至少三个月的时间。[21] 在达成每个阶段的小目标的过程中，都需要通过第 2 章中介绍的小赢记录表（见表 2-2）的方式去重复具体行为。但值得一提的是，针对希望深化的不同项目，小赢记录的方式也要相应地调整。举例而言，在进阶训练半程马拉松的过程中（见图 6-3），初阶、中阶和高阶的目标需要重复的次数是不一样的。比如，初阶目标的 5 公里阶段，起始的 1~2 公里重复 2~3 次便可进阶到初阶目标的下一个阶段，而高阶目标的 15 公里可能需要重复更多次之后才能继续进阶到终极目标。再举个例子，当我们在刻意训练打高尔夫球的过程中，需要将重复的次数替换成练习的小时数或者击球的个数，比如中阶训练如果以 18 洞 108 杆以内为目标，120个小时（平均每小时100个球）有意识的训练是基本的起点。因此，不同的刻意练习因人因情境而易，灵活变通甚为重要。

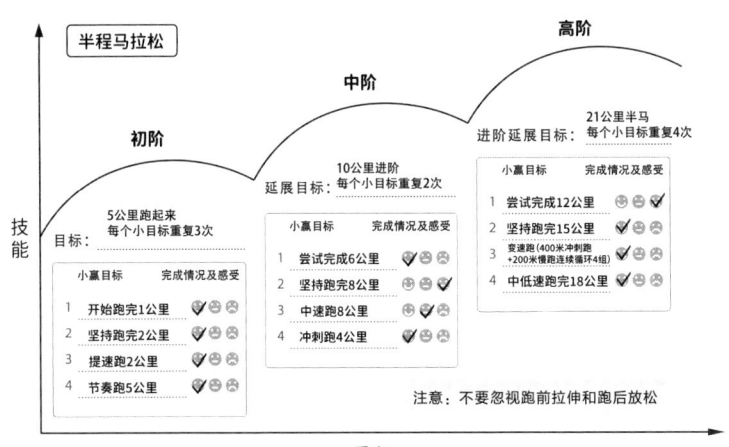

半程马拉松

高阶
进阶延展目标：21公里半马 每个小目标重复4次

小赢目标	完成情况及感受
1 尝试完成12公里	
2 坚持跑完15公里	
3 变速跑（400米冲刺跑+200米慢跑连续循环4组）	
4 中低速跑完18公里	

中阶
10公里进阶延展目标：每个小目标重复2次

小赢目标	完成情况及感受
尝试完成6公里	
坚持跑完8公里	
中速跑8公里	
冲刺跑4公里	

初阶
5公里跑起来 目标：每个小目标重复3次

小赢目标	完成情况及感受
1 开始跑完1公里	
2 坚持跑完2公里	
3 提速跑2公里	
4 节奏跑5公里	

技能 / 重复

注意：不要忽视跑前拉伸和跑后放松

高阶小目标		1	2	3	4
1	尝试完成12公里				
2	坚持跑完15公里				
3	变速跑（400米冲刺跑+200米慢跑连续循环4组）				
4	中低速跑完18公里				

初阶小目标		1	2	3
1	开始跑完1公里			
2	坚持跑完2公里			
3	提速跑2公里			
4	节奏跑5公里			

中阶小目标		1	2
1	尝试完成6公里		
2	坚持跑完8公里		
3	中速跑8公里		
4	冲刺跑4公里		

图6-3 热爱专注进阶图（示例）

第三部分 韧性飞轮之意义

在填表的同时，记录反馈与反思也需要特别关注。反馈可以来自自己或者他人，比如教练或导师，也可以是数字，比如胜率和准确率等。不论什么形式的反馈都要及时，比如，对减肥的人来说，最好的反馈是体重秤上的数字；对要增肌的人来说，最直接的反馈是体测肌肉量的数字。拳击训练中的即时反馈是教练的评价、打完一场45分钟的训练之后身体的整体感受。所以，在深化阶段，任何有意义、客观、即时的反馈都非常重要。毕竟常人对自己都是不够"狠"的，加上达克效应的普遍存在，使人们容易高估自己的能力和自控力。导师用科学的方法帮你入门、掌握正确的方法，同时能给予你反馈和鼓励，不仅在习惯养成阶段至关重要，而且能够敦促我们不断突破自我。

针对反馈，我们需要留出时间进行反思，回顾自己的优势和劣势，不断调整深化与植入的计划。我起初进行拳击训练时，更多的是因为喜欢，并期望这项有氧和无氧相结合的运动能够帮我在强化心肺的同时增肌减脂。但经过一段时间的练习之后，回头再去分析我深爱拳击的原因，我发现自己之所以对拳击如此热爱，是因为拳击这项运动与我的专业领域深度契合，有着共通性和互补性。拳击对速度、耐力、灵活性、反应敏感度等有一定的要求，同时需要极强的专注力和自控力。而我对心理韧性和认知、行为的研究都可以在这项运动中得到直接的感受和启发。从这个角度来看，我在拳击上的持续进步与我的顶层目标又形成了密不可分、相辅相成的关系（第7章将会详述顶层目标对于意义感的作用）。

有一点值得注意，在工作场景中，下属对于上司的反馈过程往往会因受到各种层级关系的影响而失真。在企业调研中，我们也屡次看到团队的达克效应。当下属对领袖产生脱离实际的"膜拜"时，下属与领袖之间互相启动了达克飞轮，当飞轮转动得越来越快时，整个团队陷入盲目的自我欣赏中，内部的反馈反而变成了成长的绊脚石。

以持续小赢的方式不断达成目标，不仅实力得到提升，心理韧性也在增强。掌控感来自让自己经常能体验到那种达成新的、小的但不断升级的延展性目标的感觉。随着经验的积累和水平的提升，我们需要提醒自己，"谦虚的自信"非常重要，要既能保持自己的兴趣度和专注度，又能清醒地认知自身的能力。根据达克效应的曲线，在新手和"半瓶醋"阶段，人们容易高估自己的水平，当人们成为准专家和内行时，则容易"妄自菲薄"，觉得瓶颈难以突破，目标难以企及。我们常说"内行看门道"，这里的门道是一种"心理表征"[22]，"行家看一眼，就知有没有"。在这个阶段，我们需要认知到整个能力进阶的框架，清晰、准确地看到自己的优势和劣势，灵活调整自己的目标，而不是执着地盯住单一目标。

以拳击为例，我不会为了提升某一个方面的能力而过度训练，因为对现阶段的身体状态来说，过度训练会减少肌肉量，反而对健康不利。练习拳击对我来说既是强身健体的肌肉锻炼，也是心理上的训练，是为了身心韧性的提升。我不会因为某些动作做不好、协调性不够而气馁，而是为可达成、可量化、可见的进步而获得长足的掌控感和成就感。在生活的各个领域，只要深入进去都是能够不断走向精深的，比如摄影、品茶、做手冲咖啡、烘焙、钓鱼等。反馈也不一定来自导师，时尚博主对于穿搭的反馈来自读者，游戏达人的反馈来自队友和对手。这种热爱的最高褒奖是做到极致的美好，这种巅峰的成就感不是事先理性设定出的目标，而是"功到自然成"。

每一种热爱都是值得发掘的宝藏，每一个微小的成就都值得我们为自己喝彩。对我来说，每天都可以实现的幸福，就是觉察当下，就是每天都有时间全身心地投入自己的热爱中，体会掌控感的增强，体会意义感和成就感，达到身心的蓬勃状态。如果这种体悟和掌控感的形成路径"迁移"到了其他领域，比如启发工作的灵感，或者开始一项新的热爱活动，或者帮助孩子选择爱好等，将会带来更多从积极情绪到热爱的可能性，而这种可能性便成为我们打造自己人生中那个 π 的源泉。

韧性认知

- ▶ 做自己喜爱并擅长的事，是幸福感的重要来源，也是人生意义的重要构成部分。
- ▶ π 型人才犹如人用两条腿走路，一条腿代表工作上的核心技能，另一条腿代表热爱生活中各种可能的能力。
- ▶ 很多事情也许微不足道，只带来片刻的享受和愉悦，却是心理韧性重要的养料。

▶ 兴趣可以被发现,但热爱需要不断被发展和被深化。
▶ 打造韧性不是一场比赛,而是持续一生的功课,我们需要在达成延展性目标和获得自我满足感之间找到平衡。

韧性练习

1. 请尝试着回答表 6-2 中的问题。

表 6-2 热爱清单

回顾上一个你感兴趣了一段时间,后来又放弃的某项活动	你的回答
这项活动为何让你感兴趣	
你坚持了几次?何时,何地,和谁一起	
让你放弃的**内部**原因分别有哪些	
让你放弃的**外部**原因分别有哪些	

* 根据以上回顾,创建未来一个月内你的"热爱清单"

序号	时间、地点、人物、预计频次	尝试的次数和体验的感受
1		
2		
3		

2. 在练习 1 的基础上,请尝试着回答表 6-3 中的问题。

表6-3 热爱深化

回顾工作或生活中你擅长的某项技能	你的回答
你为什么擅长这项技能	
这项技能给你带来的让你感到最快乐的体验是什么	
你通过哪些方法来达到目前的能力水平	
你如何克服能力提升过程中的困难	
这项技能有没有对你的其他活动有启发和助益	

* 根据自己对于个人技能的回顾,思考一下,热爱清单中有哪两项尝试你愿意留出三个月的时间,并按照本章讲述的方法进行下一步的热爱深化与植入?

热爱深化1:

热爱深化2:

* 三个月后,不要忘记回到这里,根据自己记录在"热爱深化与植入小赢表"中的反馈,
重新回顾你写下的这两项尝试并回答:

	三个月后回顾与反思	继续与否 热爱/不热爱的原因	改进计划
热爱深化1			
热爱深化2			

* 在此基础上,我接下来希望体验的新尝试是:

韧性 188

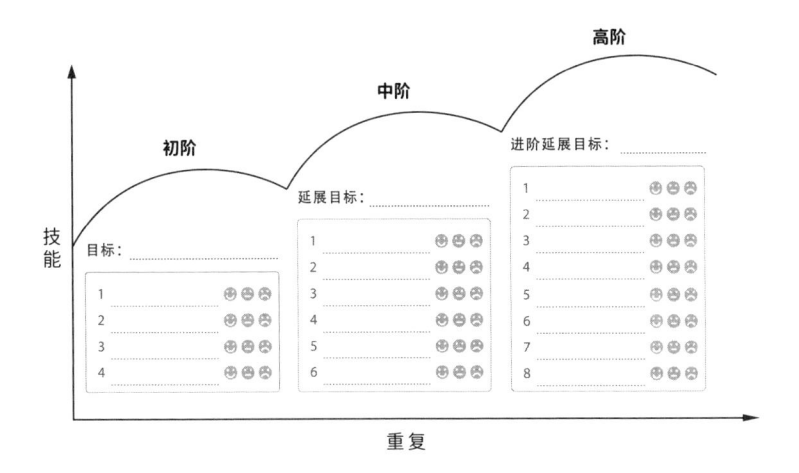

图 6-4　热爱专注进阶图

第三部分　韧性飞轮之意义

第7章 意义树：连贯目标体系

> 人生的意义不在于何以有生，而在自己怎样生活。
>
> 胡适

存在主义心理学家欧文·亚隆一直关注现代社会人的4个终极命题：孤独、死亡、自由和无意义。众多哲学家始终认为，人是不能忍受生活没有意义的一种动物。当代著名作家周国平分享道，当他翻译尼采的著作《悲剧的诞生》时，尤其感受到这一点。他指出，人类一定要去寻找意义，而寻找意义的过程本身就是有意义的。因为在寻找意义的过程中，人类产生了哲学、宗教、艺术，而这些精神生活的形成又赋予了人类生命更高层级的意义。

第6章着重讲述了专注的热爱是人生意义的重要构成部分。找寻每个人的 π——做自己喜爱并擅长的事，可以通过激活各种积极体验，并在其中有意识地、有选择地深化与植入来实现。将希望深化的体验和爱好分解成阶段性的延展性小目标，以持续小赢的刻意练习为方法，通过即时反馈和不断反思，我们反复植入和加强自己喜爱并擅长的技能，去实现一系列进阶性小目标，从而获得掌控感。因此，有明确且适当的目标对于人们在生命中寻找意义至关重要。曾经有一项实验，探究耶鲁大学应届本科生的毕业目标和他们20年后的财富状况之间的关系。追踪结果显示，那些在毕业时有明确目标的学生（占比3%）在20年后所拥有的财富比其他97%的学生的财富总和还要多，而这97%的学生在毕业时大多没有明确的目标。[1] 虽然人生的成就远不止财富，但明确的目标会给我们的人生带来一个清晰可见的美好愿景。在朝着自己的目标努力的过程中，我们会获得充实与快乐，与之相伴的成就感和掌控感便会不断丰富着生命的意义。

掌控感的获得与人们不断找寻生命的意义之间有着密不可分的关系。在原子化的个人时代，焦虑已经成为每个人的心理特征。我们都面临这样的挑战，即在不断变化的外部环境中，一边是持续减少的时间余额，一边是想要实现的长、中、短期各类目标。究其根源，焦虑源于对未来发生的事情的持续不可预测和不可掌控。面对未知的变化，降低焦虑感最直接的思维模式，就是把不可掌控的部分变成相对可以掌控的部分，但这种掌控也不能过度，追求100%的掌控甚至无法容忍不确定性的存在，反而是导致焦虑最常见的思维模式。完成从不可掌控到可掌控的适度转化，最有效的方法是让自己做和目标有关的事情,并在大脑中形成不断达成目标的掌控感。

我们都希望在有限的时间内产出最大的效能,从而达成目标,因此时间管理已经成为每个人的日常任务,而如何评估时间管理效能,取决于目标的设定。可以说,没有目标就没有时间管理的必要,而时间管理的效能需要在更长的时间维度和更广的意义维度上衡量。短期的、局部的过分高效,反而会影响长远目标的实现,而一味地以牺牲热爱为代价实现所谓重要的目标,又会损害人们对于更高层级生命意义的追求。因此,为了实现找寻人生意义过程中的统合感,我们需要把时间管理和专注的热爱有机融合。

热爱四象限

史蒂芬·柯维的时间管理四象限让我们把每天所做的事按照重要性和紧迫性两个维度分为4类,包括"很重要很紧迫""很重要不紧迫""不重要很紧迫""不重要不紧迫"。[2] 柯维在《高效能人士的七个习惯》中指出,高效时间管理者的明显特质是除了重视"很重要很紧迫"的事,还会将大量时间投入"很重要不紧迫"的事。"很重要很紧迫"代表我们每天必须要处理的事,比如有关业务方面的重大事项、达成目标的最后期限、危机公关处理等。"很重要不紧迫"包括人才梯队搭建、战略制定、持续学习、锻炼身体、亲子关系等。这类事无论是在工作上还是在生活上都有一个共同特点，那就是它们足够重要，但并没有到燃眉之急的地步，我们有足够的时间去做积累。但一旦这些目前看似并不紧迫的事变成"很重要很紧迫"的事，是否在这个象限积累了足够多的时间就会带来明显的差异。比如企业时常到了核心员工离职，出现断档和空缺时，才意识到人才培养和储备的重要性。所以，越早把时间投入"很重要不紧迫"的事上，我们就越有先发优势。

尤其是在环境变化快的不确定时代，把更多的时间和精力放在"很重要不紧迫"的事上，能够有效帮助我们未雨绸缪。很多时候，我们发现每天有做不完的"很重要很紧迫"的事，从某种意义上讲，之所以会出现如此多紧迫的事，是因为我们在事情变得紧迫之前没有做好充分的准备。因此，很重要不紧迫的事又被称为能够提供"非凡的效能"的象限，必须坚持投入，立足长远。这对"机会是留给有准备的人"做出了最好的诠释。

与投入"很重要不紧迫"的事上相对，很多人每天会深陷于"不重要很紧迫"的事务当中。处理不重要的文件、参加频繁但关联度不高的各种会议，以及查阅大量邮件、信息、语音留言将人们的时间极度碎片化。如果我们将很多时间集中用于这些分散精力的事务处理上，我们就无法做时间的主人。在忙于应付的情况下，人们无法专心思考，在频繁被打断的过程中，绩效将无法产生。

四象限中最需要引起我们重视，从而控制减少的便是"不重要不紧迫"的事，包括受到电子产品的干扰，过度沉迷于游戏、娱乐和电视节目等。但有趣的是，人们往往乐此不疲地大碗喝着"鸡汤"，穿梭于各种碎片化的信息中。这种无法停止的所谓"阅读"让我们戴上了有色眼镜，自认为是在持续学习，实际上完全没有停下来深入思考。德国哲学家韩炳哲在《倦怠社会》中批判了当前的"注意力涣散"，即在"多个任务、信息来源和工作程序之间转换焦点"。在这样的状态下，人们不能容忍一丝丝无聊。他认为，人类在文化领域的成就，都应该归功于我们所拥有的深刻且专一的注意力，"一味的忙碌不会产生新事物。它只会重复或加速业已存在的事物"。[3]

《自然》杂志于 2021 年 4 月刊登的封面文章指出，人们每天要面对大概 10 万字的碎片化信息量，使我们心智上的"网络"几乎处于无信号的状态。[4] 这项研究的作者莱迪·克洛茨教授甚至提出，我们需要"信息节食"。大量确凿的数据已经向人们证实，信息碎片化和过度的电子产品干扰是造成社会焦虑症的重要因素之一。手机等各类电子产品短期内为人类提供了极大的便利，但从长期来看带来了更大的麻烦。手机甚至被比喻成"身体上多长出来的一个器官"。之所以说是"器官"，是因为我们陷入"道理都懂，但就是做不到"的境况，手机如影随形，几乎片刻不离。很多人临睡前的标配是不停地刷屏，而由科技赋能的精准推送又使我们一直能看到自己喜欢的内容，被深度套牢，手指在屏幕上以微秒为单位的滑动，带给了人们看似是"掌控感"，实则是"无力感"的虚假幻觉。手机成为生产力工具之后,人们频繁地进行多个任务之间的切换。注意力带宽变得异常拥挤,能够保持专注的时长大幅下降。

研究显示,重度智能设备使用者(每天使用6~7个小时)患有焦虑症和抑郁症的可能性,是轻度智能设备使用者(每天使用0.5~2个小时)的两倍。[5] 过度使用智能手机会从两个层面导致幸福感的降低。首先,面对面的社交互动减少,使人们容易陷入与他人之间的虚拟对比。我们往往将自己最真实的柴米油盐的生活片段与其他人经过包装编辑的华丽片段进行对比。这种下意识的对比评估会直接带来朋辈压力,使人们对自身的价值感产生怀疑,造成不必要的自我贬低和失望。

其次,泛滥的电子产品充斥着我们醒着的绝大部分时间,严重影响人们的睡眠。根据世界卫生组织的统计,全球人口中的睡眠障碍率为27%,而中国成年人的失眠率高达38.2%。2021年7月发表在《行为医学年鉴》上的研究表明,要搞垮身体不需要长时间的睡眠不足,连续三天晚间睡眠少于6小时,就足以导致身心健康大大恶化(见图7-1)。采用夏令时制的16亿人中,每年在采用夏令时的前一天晚上减少1小时睡眠,第二天心血管疾病患病率就会上升24%,甚至自杀率都会上升。睡眠不足不仅会带来各种负面情绪(比如愤怒、紧张、孤独、易怒等),还会造成多种健康问题相关(比如肠胃问题、呼吸道炎症等)。

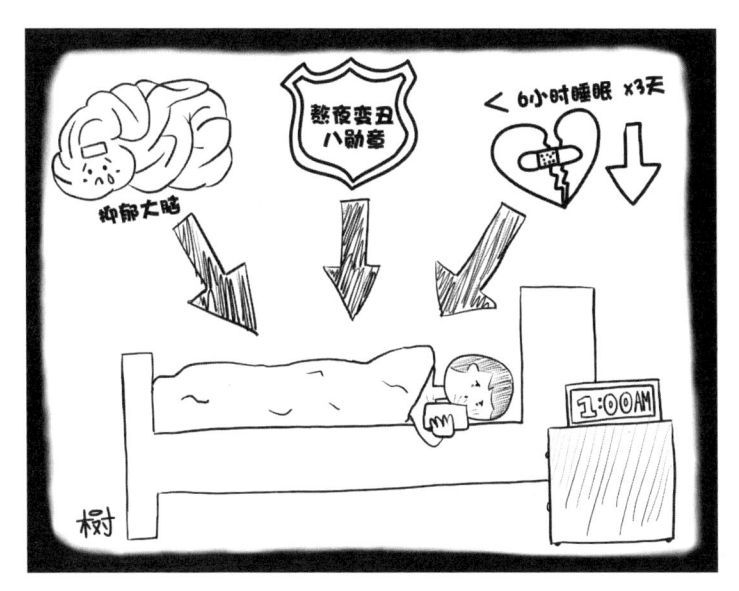

图 7-1　有关睡眠的研究

《睡眠》杂志上刊发的研究提醒人们熬夜真的会"变丑"，并提出"熬夜变丑八勋章"：黑眼圈、嘴角下垂、皮肤苍白、眼睛周围皱纹多、眼睑下垂、眼睛发红、眼睛肿胀、目光呆滞。与整体睡眠时间不足和经常熬夜一样，不规律的睡眠会显著增加一个人患抑郁症的风险。密歇根大学学术医学中心的研究人员用一年多的时间，追踪了 2 100 多名处于职业生涯早期的医生的睡眠和情绪状况，发现睡眠一致性是一个被严重低估的会对抑郁症和健康造成影响的因素。[6] 此外，哈佛大学研究团队分析了 85 万人的遗传数据、25 万人的睡眠偏好，基于 8 万多人为期一周的跟踪数据发现，睡眠中点（睡觉时间和起床时间的中间点）的提早可以降低重度抑郁风险的比例。比如，在睡眠长度不变的前提下，一个通常在凌晨1点睡觉的人改为晚上12点睡觉，其患重度抑郁的风险会降低23%，如果晚上11点就睡，可以降低40%。类似地，2021年12月发表在《生物节律研究》上的研究分析了4 684名40~70岁的成年受访者后发现，夜猫子患精神疾病的风险更高。此外，睡眠充足的大脑与睡眠不足的大脑相比，两者在储存新记忆上的效率相差40%。

人们常常会问"时间都去哪儿了"，回顾过去一周，将你的时间分配按照时间管理四象限梳理一下，也许能找到部分答案。科维的划分是第四代时间管理理论，他强调个人管理比单纯的时间管理更为重要。柯维的矩阵帮助我们以可视化的方式梳理了时间的分配，也帮助我们克服了大脑偏好短期任务的应激特性，将长期目标分解为日常任务。与其着重于时间与事务的安排，不如把重心放在维持产出与产能的平衡上。[7]在我看来，上述时间管理矩阵仍然聚焦于时间的产出效率，很容易陷入外在动机——以胡萝卜加大棒的奖惩来驱动时间的分配。尽管"很重要不紧迫"象限提醒我们要持续学习、关注健康、陪伴家人，但是如果不能找到这些事情的内在动机并形成认同，这个象限的事情还是会继续被搁置。

自我决定论强调，只有当人们因发自内心的热爱而做出自主选择时，内在动机才会被激发。内在动机，而非外在动机，才是人们在行动中获得掌控感并做出持久改变的核心。[8]同理，那些"不重要不紧迫"的琐事，比如刷手机、打游戏，如果不从幸福效能的角度重新衡量和梳理，也不会轻易被戒断和减少。更重要的是，我们需要重新对"不重要不紧迫"的事进行认知，因为很多时候我们希望找寻的 π 其实是源自这些看似"不重要不紧迫"的事情。如何从中去创造并激活一些积极体验，并将其转化为"无用之用"，是需要我们在时间管理的基础之上有意识地去思考并践行的。

因此，在打造韧性的过程中，相比时间的效能，我们还应该关注一项活动占用的心理资源和产生的回报。其中，专注度是衡量心理资源投入程度的指标，兴趣度则代表了一项活动所能够带来的积极体验的强度。在柯维时间管理四象限的基础上，我们提出一种新的思维角度——"热爱四象限"，从专注度和兴趣度两个维度帮助个人更好地将时间管理和人生意义、激发热爱进行连接，切实提升时间的"幸福效能"。

如图 7-2 所示，第一象限是高专注度、高兴趣度的事务，即热爱象限，包括全情投入的工作以及容易让我们进入心流状态的爱好等；第二象限是低专注度、高兴趣度的事务，即尝试各种积极体验，这是一些人们感兴趣但并没有投入很高专注度的事情，比如撸猫、出游、看电影、和分别已久的亲友重聚等；第三象限是低专注度、低兴趣度的事情，即生活和工作上的琐事，比如每天给孩子准备晚餐、记账等；第四象限是高专注度、低兴趣度的事，即责任象限，比如重要但并不是非常喜欢的工作、辅导孩子完成作业等。

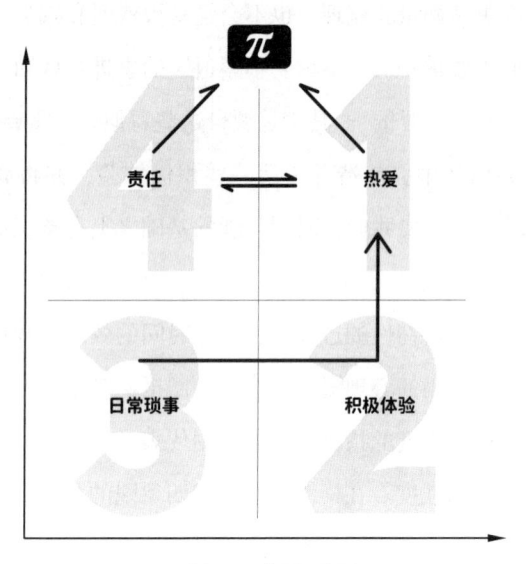

图 7-2　热爱四象限

热爱四象限的两个维度依靠我们自身的主观评判。专注度和兴趣度这两个维度能够更为直观地揭示出我们有多少时间用于真正用心的"生活",而不仅仅是生存。如果我们把大部分时间都花在责任和日常琐事两个象限,按照时间管理中的重要性和紧迫性来衡量,无论是完成重要繁杂的工作任务,还是每日准时把孩子送到学校上学,我们都会给它们更高的优先级,然而这样的安排对于建设心理韧性并不一定有帮助。长期陷于责任和日常琐事两个象限的事务当中,我们会消耗甚至透支心理资本,长此以往会滑向负面情绪,以致产生心理问题。

揭示问题是为了找到改善的方法。第一象限和第四象限是前文中提到的 π 型人才的两条腿。最理想的状态是两条腿可以互相转化，即工作即是自己的热爱。这就需要我们有意识地去发现日常工作和生活中很多看似无趣甚至被我们想当然而忽略掉的细节。比如在第 4 章中重点介绍的三个幸福时刻的练习就能够有效帮助我们提升对工作和生活的兴趣度。第 5 章中所分享的各种冥想技能都旨在训练并提升我们觉察当下的专注能力。

当我们的感受性日趋丰富的时候，觉察身边细小事物的能力逐渐增强，这种将无意识意识化的过程就能够帮助我们不断扩大热爱的边界。比如，很多人每天习惯性地喝一杯咖啡，我们完全可以从下意识地只为了提神，或者一种无目的的日常习惯，过渡到有意识地品尝不同口味的咖啡（兴趣度的提升），甚至在繁忙的工作间隙，利用喝咖啡的 15 分钟时间，融入一个味道品尝的正念冥想训练，特别关注一下自己的味蕾对不同口味咖啡的反应（专注度的提升）；我们还可以尝试从机器泡咖啡到自己手冲咖啡（兴趣度的提升），再到学习如何在拿铁咖啡上拉花（专注度的提升）。

对很多人来说，从责任中寻找热爱可能颇具挑战性，但是从责任中找到积极体验是有很大空间的。尽管一些人由于生活所迫并不热爱自己的工作，但这并不妨碍我们将工作分解成多个环节。只要你有意识地去觉察，总会发现那些没有那么令人讨厌的部分，也能发现自己更为擅长的、能够得到同事和领导认可的部分。沃顿商学院心理学教授安杰拉·达克沃思在她访谈的研究对象身上发现，绝大多数坚韧的人在工作和生活中都需要忍受一些他们不喜欢的事情，但他们依旧怀有孩童般的好奇心和对生活的向往，从而不断强化自己所从事的这份事业和自己生活的意义感。[9]

因此，当我们以韧性提升和终身成长为目标时，就需要有意识地去关注和转化那些看似在浪费时间，实则可以激发出不一样体验的事件，不要以偏概全地过快否认工作和生活的价值。实际上，研究发现，在兴趣面前，脑力劳动成本并没有我们想象的那么重要。当人们在自己热爱的领域付出大量努力时，不但不会感到疲倦，反而会越努力越轻松。[10]因此，当我们在工作和生活中总是感到力不从心、非常疲惫的时候，这正是内心给我们发出的警惕信号，是时候去关注一下自己的热爱四象限了。

传统的目标管理方法强调将大目标分解成阶段性小目标，然后把小目标按照重要程度排序。根据以往的研究，目标分解有利于提高时间管理效率，帮助人们降低焦虑。但随着我们所处环境的快速变化，复杂性不断增强，传统的目标优先排序有明显的局限性，特别是当人们在工作和生活中有多个重要目标时，失焦现象频频发生。过度以重要程度作为判断优先顺序的标准，使人们在难分伯仲的各种目标中犹豫、徘徊并迷失。实际上，以持续小赢为基础的目标分解没有问题，而核心问题出在我们很多时候并没有真正想清楚目标与目标之间的关系。换言之，建立一个连贯性的目标架构以实现体系化的持续小赢，是将时间管理的不同维度与热爱的不同象限进行有机融合的重要思维角度转换。

意义树

目标存在的意义在于帮助人们确定努力的方向，它关乎我们希望达成的结果。研究发现，坚毅指数越低的人，其目标越是零散的、非连贯。坚毅的人群有两个共同特点。一是他们在相当长的一段时间里持续追求同一个顶层目标。有些心理学家将这个顶层目标定义为终极追求，另一些学者将其称为终极关怀。二是在坚毅的人群中，他们的目标体系中绝大多数的中层和底层小目标都会以不同的方式与顶层目标相连接。一般而言，每一个底层小目标都是一系列具体而特定的行为，是为了实现上一层目标的方法或者手段。比如我每天坚持锻炼（通过跳健身操、力量训练、拳击等不同形式）是为了保持合理的体重再拥有健康的体魄。再如我每天读书，是因为我要完成和孩子们之间的约定：每年读24本书。保持体重和每年读完一定数量的书籍都是我希望实现的目标。为了实现这些目标，我需要有具体的行为作为支撑，比如如何开展锻炼，不同时间练什么，花多长时间阅读，读多少量，等等。

但这里往往容易被忽视的一个问题是：我们实现这些目标是为了什么？你是否更深入地思考过：我们合理饮食、坚持锻炼，获得健康的体魄是为了什么？我们博览群书、持续学习以获得提升是为了什么？我们努力工作，完成一个又一个项目，期望升职加薪，而升职加薪又是为了什么？这每一个为什么背后又有什么样的关联？

事实上，每一个为什么都回答了我们要实现更上一层目标的原因。亚里士多德认为："人们将幸福作为终极目标来追求，而不是作为达到其他目的的手段。"在每一串"为什么"的终点都有一个顶层目标，它就像一枚指南针，它不再需要回答为什么，但这枚指南针为下面所有不同层级的目标提供了方向和意义。根据过往的大量研究，图 7-3 总结出"连贯性目标体系图"，它可以帮助我们从理论的角度更好地理解目标与目标之间的架构关系。

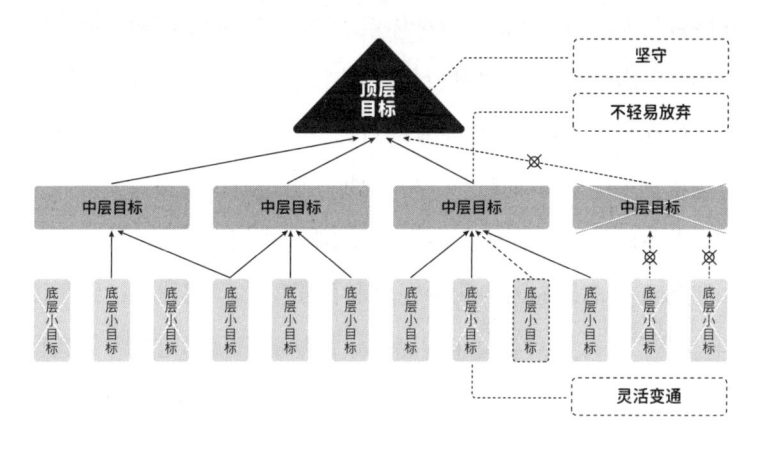

图 7-3 连贯性目标体系图

资料来源：

（1）乔纳森·海特. 象与骑象人 [M]. 李静瑶译. 杭州：浙江人民出版社，2012：237.

（2）詹姆斯·P. 沃麦克，丹尼尔 T. 琼斯. 精益思想 [M]. 沈希瑾，张文杰，李京生译. 北京：机械工业出版社，2011.

（3）史蒂芬·柯维，罗杰·梅里尔，丽贝卡·梅尔. 要事第一 [M]. 刘宗亚等译. 北京：中国青年出版社，2010.

（4）SHELDON K M, KASSER T. Pursuing personal goals: skills enable progress, but not all progress is beneficial[J]. Personality and social psychology bulletin, 1998, 24(12): 1319-1331.

（5）安杰拉·达克沃思. 坚毅 [M]. 安妮译. 北京：中信出版社，2017.

研究发现，在制定目标时，人们的着眼点一般在中层目标或者底层小目标。很少有人在制定目标时能够直接说出顶层目标。举例来说，持续成长是一个中层目标，而每天读书一小时就是能够帮助人们实现持续成长这个中层目标的底层小目标之一；保持合理体重也是一个中层目标，而每天坚持锻炼就是帮助人们保持合理体重的底层小目标之一。当列出自己未来希望实现的目标时，你会发现我们往往将中层目标和底层小目标放在一起。我们或者并不清楚不同的底层小目标是为了实现什么，或者只有中层目标的设定，而没有具体实现的行动。更为普遍的现象是，人们常常止步于多个中层目标的思考，随之陷入忙碌的行为，至于实现这些每天为之努力的中层目标是为了什么，我们却没有更为深入的系统性的思考。

由于我们拥有的时间和精力都是有限的，连贯性目标体系能够帮助我们清晰地认识到该如何聚焦。当我们画出自己的目标体系图时，就会发现有些我们固执地一定要去达成的目标耗费了很多时间，但其实这些目标和我们长远意义的追求并没有直接的关联。这时，我们就要学会放弃与目标体系无关的耗损。

具体而言，没有关联的底层小目标可以直接去除，也可以根据实际情况灵活变通，选择不同的方法或者手段。当原定的某个短期小目标不能够有效地帮助我们实现中、长期目标时，就要及时去灵活调整，找到更为合适的短期小目标。而在对中层目标经过反复思考和尝试后，如果发现其在一定时间内对于顶层目标的达成确实没有帮助，那么我们更应该及时止损。

图 7-3 的中层目标在实际工作和生活中可能远远不止一个层级，这时就更需要我们重新思考某些我们认为重要的中层目标是否有存在的意义。不惜一切代价的执念应该被适当的取舍代替。连贯性目标架构越清晰，我们越容易找到自己专注的热爱。建立持续小赢的体系能够帮助我们跳出以往的思维模式，那就是过度强调某一具体单一目标的实现。研究表明，当人们全力以赴集中精力在一个特定的目标上，但并没有想清楚这个具体的目标与人生长远意义的实现之间到底有什么关系的时候，我们反而会在目标实现后失去方向。[11] 目标实现的确会给人们带来短暂的兴奋，但很多人在此之后会在头脑中不停地问自己："然后呢？！"在继续努力前行的动力失去依托后，人们会陷入一种不知所措的失控状态。因此，目标体系的建立帮助人们梳理不同层级的、不同范畴的目标之间的关系，是使我们所期望的结果呈现的过程，因此目标体系促进人们持续不断地成长。

从以往大量研究中总结出来的连贯性目标体系图，从理论的角度为我们提供了一个很好的改变思维模式的基础。但在现实中，我们的任何行为都能够被一个顶层目标指引，是一个过于理论化和理想化的状态。将理论框架转换为在实践中具有可操作性的模型，是本章接下来的重点内容。让我们将图 7-3 调转 180°来看，它就像一棵大树（见图 7-4）。大树在土壤下面的部分是盘根错节的，这个根部本身就是复杂的，其代表我们每个人希望倾此一生去实现的终极意义，它并不是某一个目标、某一件事情，而是具有统合性的一种状态。从根部由下至上螺旋式上升，枝繁叶茂地生长出高低不同的果实，代表人生中希望达成的不同的目标。果实之间看似互不相连，实际上它们都以不同的方式与根部紧密连接。果实的生长速度和最终的大小都不尽相同，但它们遵循相同的规律，甚至一些过大的果实会导致其他果实的夭折。因此，这种意在长远的目标体系，不会过度聚焦于某一个果实的长成，因为每一个目标的实现都会或多或少地影响其他目标，而且每一个目标都可以清晰追溯到其根源并由此被指引，那就是我们追求的顶层目标，也就是人生的意义所在。

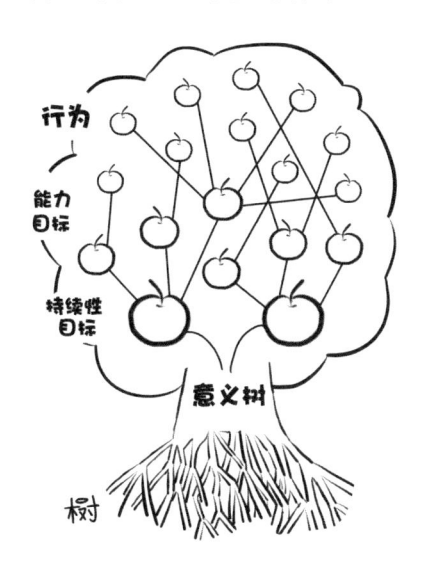

图 7-4　意义树

为了将这棵意义树形象地描绘出来，我们需要将"热爱四象限"与"时间四象限"相结合，去探究行为与目标之间的关联。柯维的"时间四象限"帮助我们更为清晰地"看见"短期内时间

第三部分　韧性飞轮之意义

的分配，其中的"紧迫性"维度更多地聚焦于时间的优先度和顺序，而不是分配时间的多少。同时，紧迫性往往是一个不可控的外部变量，比如工作中的硬性时间节点、一些突发情况的处理等，应对这部分事务会超出我们的计划范围，与我们更高层级目标之间的关联度较弱。因此在建立个人意义树的过程中，构建模型结合"重要性""兴趣度""专注度"三个维度，通过对主要事务和行为心理的回顾，更进一步去梳理短期内能力提升目标的可行性，并在此基础上连接更长期的高层级人生目标，最后挖掘顶层目标即人生意义的线索和路径。

按照柯维的框架，"很重要不紧迫"这一象限是区分高效能时间管理者和低效能时间管理者的关键所在。在课程和企业调研中，我与学员们经过多次探讨和挖掘后发现，这一象限主要包含两类事务：一类是可推迟的或可灵活调整优先级的重要工作任务；另一类则是由长远目标分解而来的事务，即"功夫在日常"的事务，比如工作中的战略规划、人才培养、培训，生活中的运动、学习、亲密关系的经营等，这些目标的实现需要秉承"持续小赢"的行动原则，也和高层级的目标更为相关。因此，意义树模型中有关"重要性"的维度更多地关注这类事务。

意义树的梳理是一个相对长期的、持续性的、渐进的过程。任何持续性的探索和梳理都需要清晰的时间节点，以对过去一段时间内的行为和目标进行反思和连接。简单概括，对于个人意义树的构建，三个时间节点将过往三个月的行为回顾、未来一年的能力提升目标与更为长久的个人持续精进的人生目标相连接，不断为顶层目标即人生意义输送血液。

首先，我们要聚焦并回顾个人在过去三个月当中每周在工作和生活中的主要事务和行为，按照花费时间的多少进行排序，分别在工作事务和生活事务两个部分列出出现频率最高的4~5项。在此基础上，根据重要性、兴趣度、专注度三个维度填写分数。每个维度的分值范围为1~9分，最后三个分数相乘得出这项事务的总分，这个总分我们命名为各项事务的"意义得分"。在填写分数的时候需特别注意打分的差异性，避免对每个事务、每个维度都给出类似的分数。以三个月为周期进行梳理，是因为人们一般对于过往的经历的记忆在三个月后会变得相对模糊，同时新习惯和新行为的形成一般也需要三个月的时间，并且要再经过几年的持续练习，才能够内化成行为的一部分。[12]

为了能够更为直观地理解如何通过行为导图来梳理个人的意义树，我们来分析两个案例：一个是某企业全面负责业务的高层管理者A（男性）；另一个是具有丰富销售经验的项目经理B（女性），在企业中属于中层管理者。

A是一家服务行业企业的总经理，他用15分钟完成了意义树行为导图的填写（见表7-1）。整体来看，在他工作的各类重要事务当中，他保持了高度的兴趣度和专注度。值得关注的是，他在工作中花费时间最多的前5项任务，都和企业的长远性目标相关，包括人才管理和战略目标的制定、业务逻辑的梳理、关键客户的走访和维护等。实际工作中，并不是每一个高层管理者都能像A一样做他们应该做的事情。在我和研究团队进行的大量

表 7-1　A 的意义树行为导图

*请回忆过去三个月每周的时间分配

序号	工作事务 (请按照花费时间的多少排序)	重要性	兴趣度	专注度	总分
		1~9分,需注意打分的差异性, 避免每个事务每个维度都给出类似的分数			
1	人才盘点,高潜员工的发现和培养	8　X	8　X	7　=	448
2	原有业务的战略规划	8	8	7	448
3	新业务逻辑的梳理	9	9	8	648
4	学习管理课程,重点是激励原则	8	8	6	384
5	客户走访	9	8	8	576

序号	生活事务 (请按照花费时间的多少排序)	重要性	兴趣度	专注度	总分
		1~9分,需注意打分的差异性, 避免每个事务每个维度都给出类似的分数			
1	高尔夫	6	9	9	432
2	读书:人文类	8	7	7	392
3	陪家人	8	7	6	336
4	朋友交往	8	6	5	240
5	日常运动	8	5	5	200

企业调研中,我们发现很多一把手和高级管理者都面临一个非常类似的棘手问题,那就是一把手在做高级管理者的事,而高级管理者在做中级管理者的事,以此类推。

导致这种问题发生的原因有两个:有时是某些管理者自身能力全面,但纠结于是否"放权",在工作中亲力亲为,或者像是打游戏的"微操作",过度指导下属的具体事务;有时则是下属产生了依赖心理,有事情就去找领导解决。在这里我要推荐一本小书《别让猴子跳回背上》,这本小书清晰地聚焦一个问题:为何老板忙得团团转,下属却闲得没事干?书中的猴子比喻的是每个人在工作中会遇到的问题和应该承担的责任。管理者如果不能有效地划定边界,很有可能一天从早忙到晚,但做的并不是他原本应该去做的事情,而是肩上爬满了下属丢过来的猴子。作为管理者的关键,一是明确且守住职责边界,不让"猴子"乱跳;二是培养下属,让他们成长,并且能够自发地承担责任,独立解决问题。A把最多的时间放在人才管理上,在企业调研中我们也对A进行了深度访谈,他说自己心里有一个打分表,对于关键的高潜人才持续予以关注,并且会不定期地出一些难题给他们,锻炼他们综合解决问题的能力。

除去工作事务,A在梳理自己的生活事务时将最多的时间花在高尔夫和读书上。在后几项活动中他给自己的专注度打分没有在工作事务中高,追问原因,他分享道:"并不是因为工作太忙,而是自己陪伴家人的时候状态特别放松,所以专注度略低些。"A可以说是一个高效能时间管理者,当然,我们要考虑到在这样会被他人"看到"的主观问卷中,人们会不自觉地倾向于展现自己更好的一面。你自己在填答的过程中,忠于自己的内心和真实情况最为重要。

完成意义树行为导图后,下一步非常关键,即明确个人在未来一年内希望提升的能力目标。上文提到,目标是可以拆解的,并可以分成很多层。但在具体梳理目标的过程中，人们自身对行为和目标（各层级的目标）会有很多模糊不清的认知。从个人控制理论出发，我们将目标聚焦在短期可控的"能力提升"（工作维度）和"幸福提升"（生活维度）上，而不是受很多外界因素影响且可控性较低的目标上。以职场人普遍的愿望"升职加薪"来说，其中虽然个人表现部分有一定的可控性，但会更多地受到市场环境、公司经营状况、团队负责人的评判等多个不确定因素的影响。在生活中也是一样。如果在财力范围内，换个更大的房子就是一个可控目标，但如果财力达不到，那么它就只是一个愿望；家人的健康亦是如此，其中充满了变数，不能直接作为目标，而是可以把其中可控的部分（比如"照顾好家人"）作为目标。在尽责照顾好家人之后，无论家人健康与否，目标都是达成的。在短期内，我们需要制定的是可控的自我提升的目标，这样我们才能增强掌控感，并获得持续小赢的动力。

绘制意义树时，我们需要明确写出未来一年内个人与工作相关的重要的三个大类目标，聚焦"能力提升"，同时写出与生活相关的重要的三个大类目标，聚焦"幸福提升"。以A为例，他写下的三个能力目标包括业务创新能力、客户拓展能力和综合管理能力，三个幸福目标包括保持健康、家庭美满、开阔眼界。在梳理目标时，我们可以参照SMART原则[13]：具体（Specific）、可测量（Measurable）、可达成（Attainable）、相关联（Relevant）和有时间限定（Time-based）。

SMART原则主要用于具体目标的制定，而这里需要你写下的是相对大类的能力目标和幸福目标。即便如此，我们依旧需要思考如何设定评判的目标。以业务能力的增长为例，每个人面临的工作情境都不同，有的人以客户量的增长来进行评判，有的人以销售额的增长来评价。沟通能力和管理能力的量化难度更大一些，需要结合工作场景给出定性评判的标准，比如来自下属的反馈等。SMART 原则中对于梳理个人意义树最重要的一点借鉴便是关联性，即如何将过去三个月的行为与自己设定的重要目标相关联，从而发现问题。如图 7-5 所示，A 将他在工作和生活中的 5 个用时最多的行为与三个大类目标分别填入意义树中，在此基础上，根据"是否相关"对目标和行为进行连线。

在目标和行为进行连线的过程中，我们会发现有些行为会对应多个目标。除此之外，我们还需要关注目标相关行为的"意义得分"的加总。理想状态是，我们意义得分较高的行为，能够与一年内希望提升的目标有更多的连线。这代表着我们主要的时间花在了重要性、兴趣度和专注度都非常高的事务上，并且这些事务和目标密切相关。从图 7-5 中我们可以看到，无论是工作还是生活，A 主要的行为和活动都与一年内的能力提升目标或幸福提升目标相关联，而这些目标又与其他持续递进的人生目标相关联。

在工作上，A 希望自己成为一个业务能力和带人能力一流的管理者；在生活中，A 希望自己拥有健康、丰富、美满的生活。可以说，短期来看，A 的目标系统达到了较高的一致性和整合性，他在工作和生活中的具体行为有效地帮助他提升自己的能力目标和幸福目标，从而能够不断强化自身的人生目标，并为人生意义

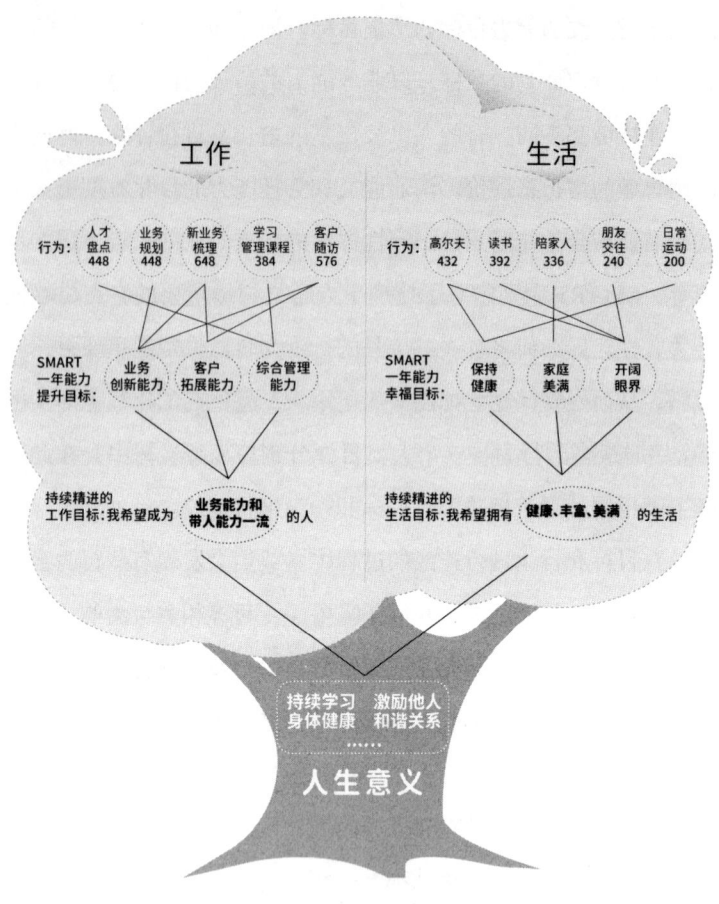

图7-5　A的意义树树状图

的树根供给充足的养分。这样的效能并不是靠纯粹理性的自律和自控来实现的，而是需要靠根植于内心的热爱。

在访谈中，我们了解到，A所在的企业对于员工的家庭也有很多的切实关怀。企业统筹各种资源，为员工的子女入学、家人就医等提供便利。A的案例具有一定的特殊性，因为A本身是一个超级自律、目标感特别强烈的人，他的意义树为我们提供了一个模型基础，而大多数人在梳理意义树的过程中都不会像A这样清晰和简单。我们的梳理过程可能会像电脑死机时那样跳出各种弹窗，提示系统问题的存在，比如我们会有各种"无奈"，使行为与目标之间产生割裂，无法连接；我们可能发现自己花了大量时间和精力做的事情与自己希望提升的能力和达成的目标毫不相关；我们也可能在梳理时发现我们认为重要的短期提升目标根本不切实际，无法达成。

一个个"反思弹窗"的出现，正是我们要去定期梳理自己意义树的关键所在。正如韧性飞轮中第一个叶片所强调的，觉察是发现问题的基础，也是将无意识意识化的关键。因此，我们需要不断思考，为了达成关键能力提升的目标，我们需要增加或者减少哪些行为？反之，我们在日常工作和生活中耗时最多的这些行为，对于进一步梳理和重新界定自己的目标和意义有哪些帮助？案例A让我们了解到意义树的构建过程，接下来的案例B则是更多管理者会面临的实际情况：在行为和目标之间的那条线，并不总是能连上。

"反思弹窗"与"意义体检"

B在某知识付费机构中担任项目经理和销售总监，她用20分钟完成了填写（见表7-2）。整体来看，她在工作中也处于专注投入的状态。从时间分配来看,她在工作中排在前三位的事务都是和业务相关的。她的大部分工作有创新性,包括新培训课程的内容研发、学习新行业的知识等。对企业内部的流程性事务,她的兴趣度和专注度都较低,但重要性非常高,这部分工作可能会给她带来较大的消耗。与此同时,值得关注的是,B的团队中有新入职的年轻员工。一方面,迫于个人的业绩压力,她对于新员工的培训力不从心;另一方面,她个人能力突出,但对于带团队的兴趣度和专注度均不高。在生活中,可以看到B是一位高度负责的母亲,对孩子的学习给予了最高的重要性和专注度。从表7-2可以看出,她把更多的时间花在照顾家人上,在对于自己非常感兴趣的读书上,她无法像处理工作事务那样给予高度专注。

除了日常工作和生活事务行为,B在工作方面为自己设立的一年能力提升目标包括营销能力、行业知识和人脉、培养团队的能力,一年能力幸福目标包括孩子学习和运动改善、照顾好家人、体能提升。根据B对过去三个月短期行为的回顾与打分,以及目标设立,她自己对意义树的填答如图7-6所示。

在绘制意义树的过程中,对我们每个人都非常重要的一点就是要去直面自身目标和行动的"不一致"。人是容易自我欺骗的动物,我们都难免会去合理化意义树中的孤立项目,强行进行连线。事实上,一旦发现没有连线的孤立项目,就需要开启"反思弹窗"。反思弹窗在意义树梳理中有着重要的价值,就像游戏中的隐藏关卡,是专为高手准备的,其中蕴含"隐秘的宝藏"。

以B的意义树为例,在工作行为中,报销、合同审批这项

表 7-2　B 的意义树行为导图

*请回忆过去三个月每周的时间分配

序号	工作事务（请按照花费时间的多少排序）	重要性	兴趣度	专注度	总分
		1~9分,需注意打分的差异性,避免每个事务每个维度都给出类似的分数			
1	拓展客户，参与各种论坛和活动进行接触	9　x	7　x	9　=	567
2	新培训课程的内容研发		8	9	648
3	学习新行业的知识	6	8	8	384
4	报销、合同审批等内部流程	9		6	324
5	培训新入职同事	7		5	210

序号	生活事务（请按照花费时间的多少排序）	重要性	兴趣度	专注度	总分
		1~9分,需注意打分的差异性,避免每个事务每个维度都给出类似的分数			
1	辅导孩子的学习	9	7	9	567
2	家庭成员(妻子、父母)的生活	8	6	6	288
3	读书：经管类	6	9	6	324
4	家务、购物	3	7	3	63
5	监督孩子的运动	5	5	5	125

耗时较多的事务，她自身的专注度和兴趣度都极低，且和能力提升目标没有任何关联，接下来的反思就非常关键：如果这类事务属于不可避免的"无奈"，那么如何提高处理这类事务的效率？哪些事务必须自己参与，哪些可以分配给团队中的专人来做？刚来的新人可不可以通过处理这类事务来学习内部的流程？这样能

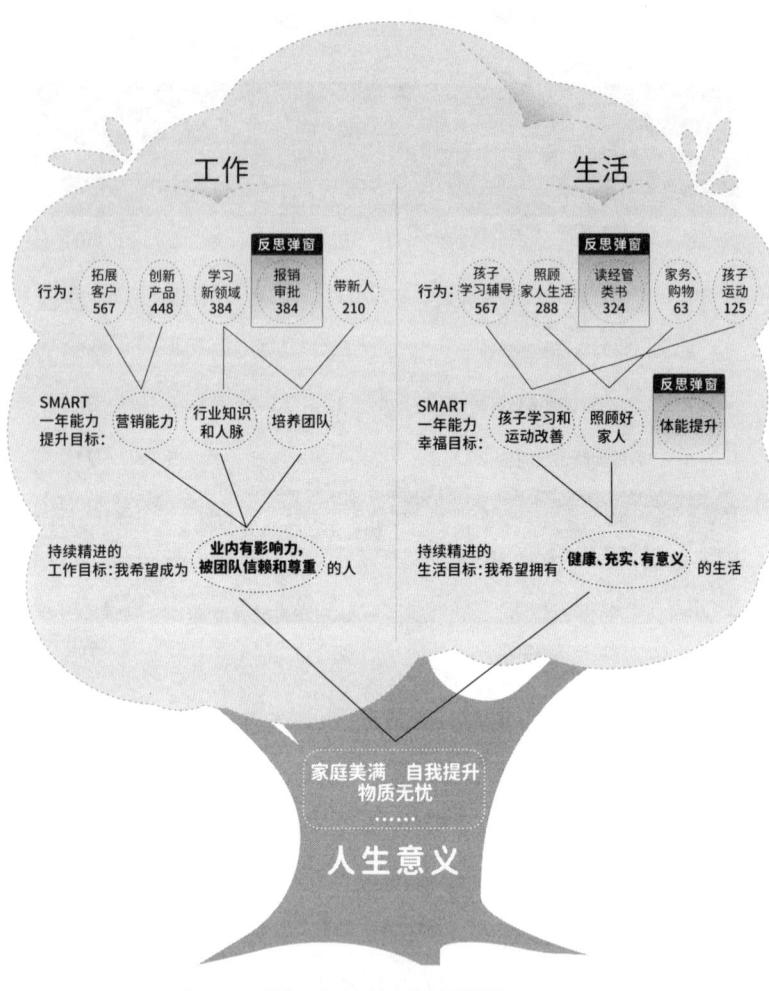

图 7-6 B 的意义树树状图

否让这项活动和培养新人产生关联?

从右侧的生活目标中可以看出,B 在幸福提升目标里有"体能提升"这一项,但是在她前 5 项最耗时的事务中没有一项和

韧性　218

健康运动相关。面对这样无法和行为连线的目标,也需要开启"反思弹窗":不能开始运动有哪些内部和外部阻碍?哪些是可变的?有没有认识到这些阻碍并采取行动?如何将目标转化为行为,或者是否要放弃目标?另外,在右侧的生活行为中,读经管类书并没有和幸福提升目标相关联,这项活动是不是更偏向于工作中的事务?或者在生活目标中是否应该增加一项目标,比如自我提升?根据 B 的填答,我们看到她在孩子的运动上投入了较多时间,是否可以选择亲子运动项目?如果不可行,那么在这个时间段内各自在相邻的场所进行运动或许是可行的解决方案。

根据反思弹窗(见图 7-7)的不同情况,我们可以展开反思,并调整意义树。

"还想加点什么",我们可以关注那些在愿望清单里一直想做却没有做的事,这些事都有可能是"热爱"的源头,比如更好地倾听下属讲话、更有逻辑地总结发言、一直想学的雕刻、体育项目、绘画、品酒、一直想去的旅行目的地。稻盛和夫说过,"要想到未来是要有色彩的",越是对未来自己状态和感受的具体化的憧憬,越是可以试着加入行为和目标。

工作和生活中我们都面临抉择:要不要换工作?要不要调整生活目标?健康和工作的两难、工作和陪伴家人的两难,这些都是容易察觉的,而更多的矛盾隐藏在我们内心深处。改变是困难的,尤其是对被"中年危机"困扰的职场中高层来说。要想身体健康,定期体检的观念已经深入人心。对人生意义,我们同样需要定期回顾和检视,才能及时调整或者改变航向。对于类似种种

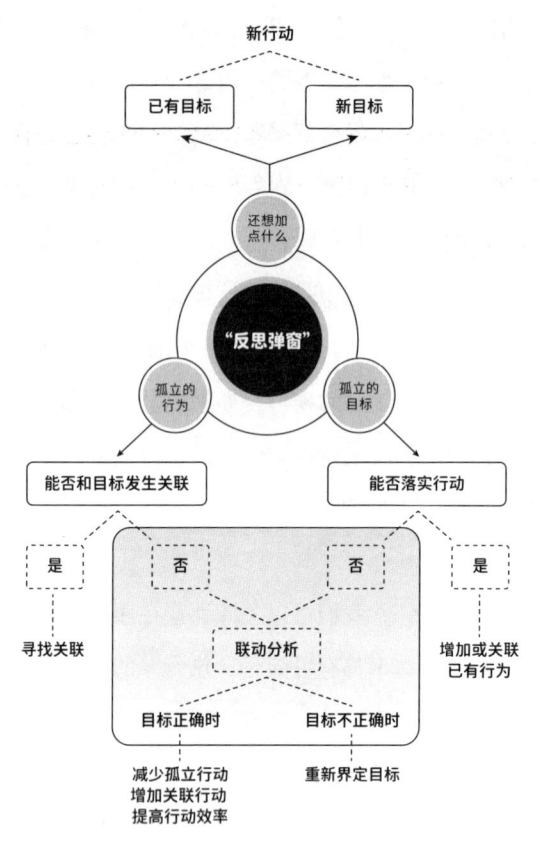

图 7-7 "反思弹窗"导图

的挣扎与矛盾，案例 C 也许能够提供更多的共鸣与更好的启发。

C 是一位大型互联网企业的 HR（人力资源）副总裁（男性），有 15 年以上的工作经验。通过 C 对意义树行为的梳理（见表 7-3），我们可以看到，在工作中，他对最花费时间的前 5 项事务都持有极低的兴趣度和专注度，其中第三项和第四项的得分只有两位数。关于专注度和兴趣度的自评分数，这里需要特别提示，从防范心理问题的角度来看，如果专注度普遍得分在5分以下，甚至在3分以下，我们就需要关注自身的精神和心理状态；如果兴趣度低于3分，则需要警惕抑郁倾向的发生。在抑郁度量表中，一项重要的指标即是"感到对生活失去兴趣"的频度和持续时间。

表7-3　C的意义树行为导图

*请回忆过去三个月每周的时间分配

序号	工作事务（请按照花费时间的多少排序）	重要性	兴趣度	专注度	总分
		1~9分，需注意打分的差异性，避免每个事务每个维度都给出类似的分数			
1	招聘和高级别候选人沟通	6 X	5 X	6 =	180
2	和高管们沟通，制定人才战略	8	6	5	240
3	薪酬绩效等激励制度的制定	7	2	3	42
4	组织发展（人才盘点、OKR制定）	6	2	2	24
5	培训及人才发展	4	5	7	140

序号	生活事务（请按照花费时间的多少排序）	重要性	兴趣度	专注度	总分
		1~9分，需注意打分的差异性，避免每个事务每个维度都给出类似的分数			
1	健身	9	8	6	432
2	陪家人	8	9	7	504
3	朋友聚会	7	8	8	448
4	看电影、看书	7	9	9	567
5	投资(海外房产、股票和虚拟货币等)	8	9	6	432

案例 C 非常有趣。对这样一位有着丰富的工作经历但感觉不到自身价值的职场男性来说，他在生活中各项事务的意义得分却普遍高于工作事务，甚至可以说是 180° 大反转。为什么 C 在工作和生活中存在如此大的差异？他的意义树树状图（见图 7-8）给出了一目了然的答案：C 希望持续精进的人生目标是成为一个

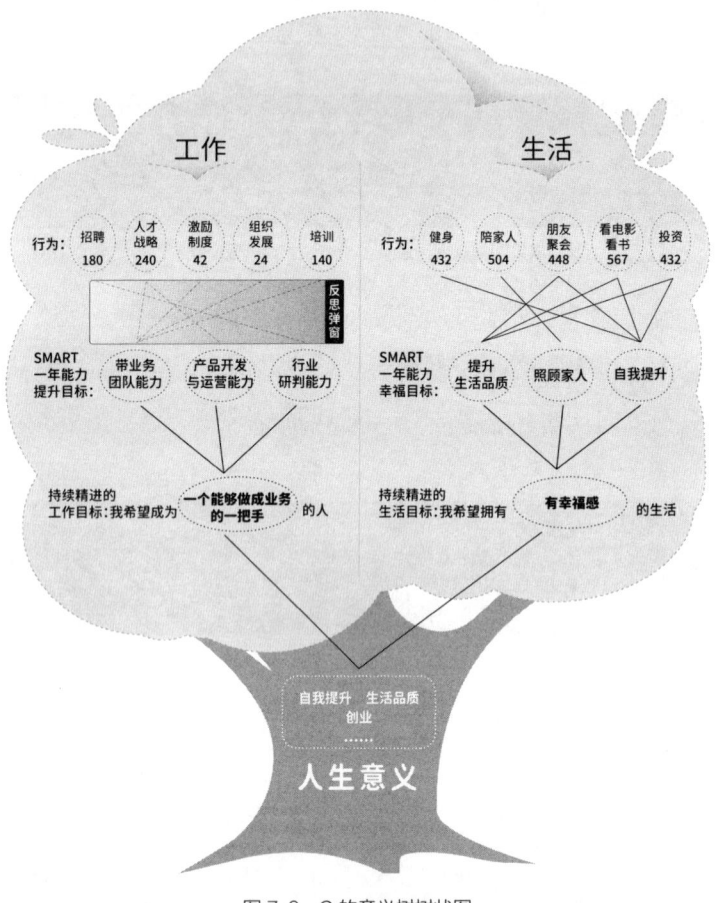

图 7-8 C 的意义树树状图

能够做成业务的一把手，与此相关的一年能力提升目标包括带业务团队的能力、产品开发与运营能力、行业研判能力。然而，对 C 来说，最大的割裂在于他目前工作中的主要事务与希望得到强化的能力相关度极低。由于 HR 工作的性质，C 会和各个业务部门的负责人进行交流，了解产品和行业的信息，但是这些信息对于他独立做业务仍然帮助不大。在企业内部，C 也在关注创业和成为业务负责人的机会，但是受到 HR 的背景所限，很难获得相关的职位。因此，C 的意义树所呈现出来的景象是行为和目标之间存在着错综复杂的虚线，看似相关，实际不然，导致的后果就是他每天在繁忙的工作中处于麻木、迷失的状态。

经过梳理后，C 发现他面临的抉择是：是否要放弃一份稳定且收入颇高的工作？尤其是一个中年人，在照顾家人、供房贷的压力下，能否追求自己内心的愿望？除了高薪，目前工作对他本人的心理是一种低意义水平的消耗。在他看来，当前工作对自己创业的最大价值，是让自己可以接触到各行各业的候选人，特别是有投资背景的候选人，这有助于他在创业的方向和行业的风向方面有更广泛的认知。在第一次完成意义树的构建并梳理了各种反思弹窗的 9 个月后，C 放弃了原有的工作，加入了一个由十几个人组成的新零售领域的创业公司，成了 CEO，图 7-9 是他绘制出来的新意义树。

在新的工作中，他的主要时间花在自己最感兴趣的事务上，行为和目标紧密相连。相比大公司的高管，虽然作为创业者的工资仅是之前的 1/3，但他握有公司的大比例股权。而自己的投资

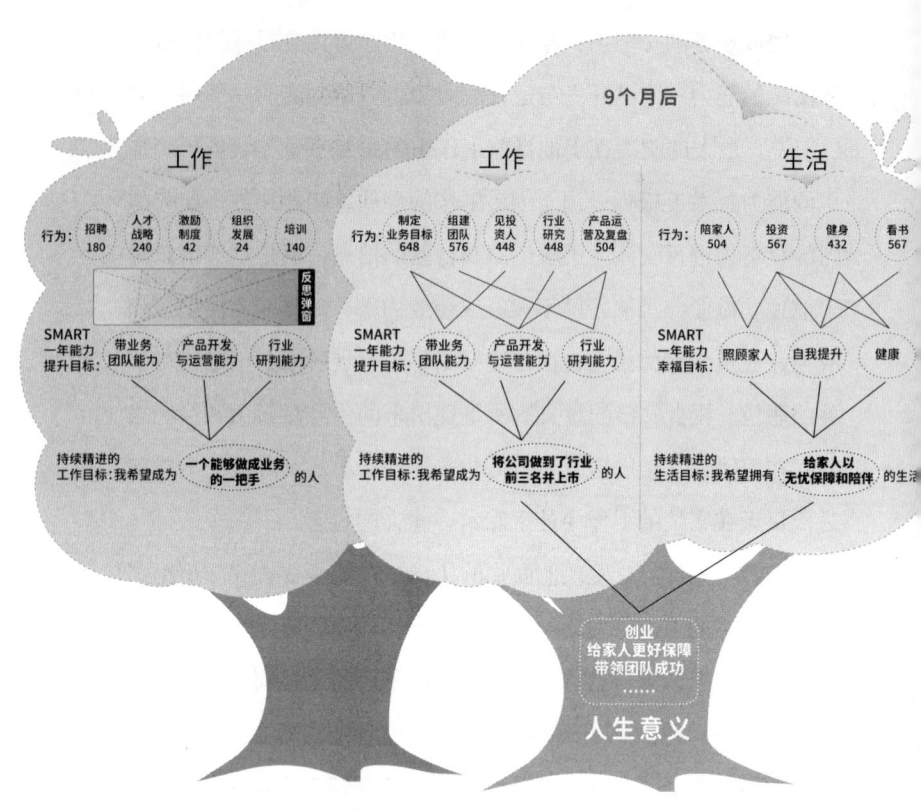

图 7-9 C 的意义树树状图追踪对比

有了一定的收益,可以保障在创业的头 3~5 年里家庭的经济状况不会受到大的影响。在新的意义树中,C 持续精进的工作目标是带领这家创业公司成为细分行业的前三名并成功上市。他表示,这个目标不管是否达成,他都会积累作为企业一把手的经验,为下一次创业做好准备。

在生活中,C 也进行了行为调整,因为创业需要投入大量的时间和精力,C 在个人生活事务上的总时间大幅减少。因此在压缩后的时间里，C把最多的时间花在陪家人和投资上，健身、看电影的频次减少，一年能力幸福目标中去除了提升生活品质，增加了健康。在高强度的工作中，健身的首要目标不再是不断挑战更好的个人成绩，而是保证健康和精力。持续精进的生活目标也从原有相对抽象的"有幸福感"聚焦到"给家人以无忧保障和陪伴"上。他希望创业成功获得高回报，财富是他实现目标的手段，而不是目标本身。在人生意义树的根部，他增加了"带领团队成功"，这可以看作一个领导者的身份觉醒，从关注自我的提升转向助人成长。

用荣格提出的概念来总结，C的意义树是一个自我个性化的反省过程。我们生活在一个充斥着大量"集体无意识"状态的环境中，人们习惯于接受外界强加给我们的固有惯性，比如"到了什么年龄就一定要做什么事"，"绝大多数人都是这样，所以我也应该这样"等。个性化的觉醒往往发生在35~50岁的时候，通过不断的自我梳理、觉察和反省，人们才有可能挣脱固有观念的羁绊，选择一条少有人走的路。案例C向我们展示了定期进行意义树梳理能够带来的积极变化。

意义树的梳理并非易事，高层目标和人生意义的梳理需要相当长的时间。终极意义并不是唯一不变的某个任务，而是一个持续迭代的系统。在意义树的根部，人生意义用一个虚线的圆圈来表示，在每次意义"体检"中，我们都会放入几个关键词。经过长期的检视后，我们才能逐渐从中发现重复率较高的关键词，这或许将成为我们终极人生意义的线索。和我们发现兴趣的过程一样，人生的意义并不是我们闭门造车想出来的，而是需要我们不断地与外界互动，通过行为的体验和改变，在对目标的梳理过程中逐渐清晰化的。

意义树的根系，一定和我们的内心需求深深联结。美国心理学家亚伯拉罕·马斯洛则将人类的需求分为"生理需求""安全需求""爱与归属的需求""尊严需求""认知需求""审美需求""自我实现需求""自我超越需求"。他指出，人们首先要满足并实现较低层次的生理需求和安全需求，并在此基础上去追求更高层次的意义。[14]除了最基本的生理需求和安全需求，其他相对高层次的需求并不存在顺序，而是根据人们不同时期的情境发生变化。

在探索内心的过程中，每一种需求都应该自然被接纳，只有这样，我们才能真正认知到套娃的内核，从而觉察到最真实的自我。目标只有和高层次需求相联结，才能获得源源不断的动力，激发最大的心理效能。在马斯洛需求层次理论的基础上，我和研究团队在2021年进行了全国性的Z世代职场价值观调研。截至2021年年底，这项研究的最终有效样本量为16 914份问卷，其中Z世代（指出生于1995—2010年的群体）有效填答数为3 603份问卷，占比21.3%，这和国家统计局的数据相吻合。根据计算，中国Z世代总人数约为2.8亿，约占中国总人口的18%。[15]针对人生意义的追求，调研中设计了多选题："在此刻展望一生，对你最重要的事情（人生观）是什么"，并要求最多选择5项。

统计数据显示，各年龄段均有最高比例的受访者把"身体和心理健康"作为人生最重要的事情之一，且随着年龄的增加，其重要性越来越高。Z 世代中有 72.05% 的人认为身心健康是最重要的事情；26~30 岁年龄段中有 75.24% 的人这样认为；到 31~40 岁年龄段，比例升高至 78.97%；到 41 岁及以上年龄段，超过 81.44% 的人认为身心健康是人生最重要的事情之一。

图 7-10 将各年龄段有关人生观的统计结果按照排序显示出来。如图所示，18~25 岁的 Z 世代和 26~30 岁这两个年龄段的受访者认为，人生中最重要的事情占比前 5 位的是健康、财富、体验、自我提升和愉悦感。其中的主要差别是 26~30 岁年龄段的各选项占比普遍高于 Z 世代。同时相比 Z 世代，26~30 岁的群体将自我能力和专业成就的重要性占比排在第三位。

在此刻展望一生，对你最重要的事情(人生观)是什么

选项填答百分比(%)

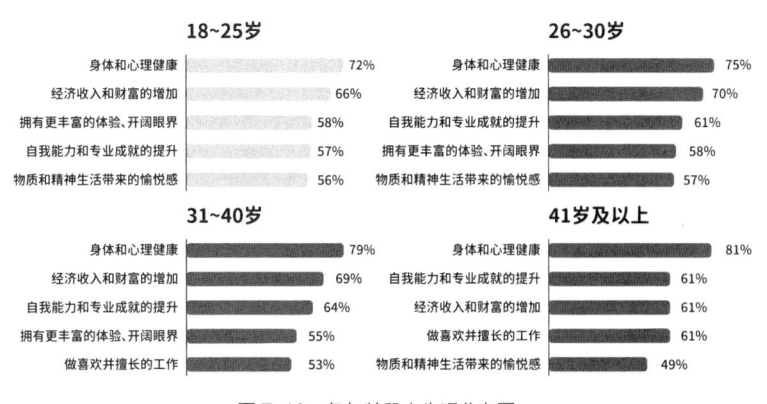

18~25岁
- 身体和心理健康 72%
- 经济收入和财富的增加 66%
- 拥有更丰富的体验、开阔眼界 58%
- 自我能力和专业成就的提升 57%
- 物质和精神生活带来的愉悦感 56%

26~30岁
- 身体和心理健康 75%
- 经济收入和财富的增加 70%
- 自我能力和专业成就的提升 61%
- 拥有更丰富的体验、开阔眼界 58%
- 物质和精神生活带来的愉悦感 57%

31~40岁
- 身体和心理健康 79%
- 经济收入和财富的增加 69%
- 自我能力和专业成就的提升 64%
- 拥有更丰富的体验、开阔眼界 55%
- 做喜欢并擅长的工作 53%

41岁及以上
- 身体和心理健康 81%
- 自我能力和专业成就的提升 61%
- 经济收入和财富的增加 61%
- 做喜欢并擅长的工作 61%
- 物质和精神生活带来的愉悦感 49%

图 7-10 各年龄段人生观分布图

图 7-10 对 31~40 岁年龄段的受访者来说，物质和精神生

活的愉悦感从前5位中移除，取而代之的是做喜欢并擅长的工作，占比达到一半以上（52.8%）。这个年龄段的财富重要性占比（68.78%）略低于26~30岁年龄段（70.04%），而自我提升的重要性占比（63.71%）为各年龄段中最高。这一年龄段的职场人本身就处于事业上升的关键期，这一结果表明他们中的大多数人既追求工作中的能力提升，也看重对工作的热爱。

在41岁及以上年龄段中，认为做喜欢并擅长的事重要的占比在各年龄段中是最高的，达到60.81%，认为财富重要的占比下降到最低，为60.85%，同时愉悦感的重要性占比下降到了49.13%，为各年龄段中最低比例。从对比分析中我们可以看出，随着年龄的增长，认同财富、愉悦感重要的占比呈下降趋势，而认同健康、做喜欢并擅长的工作、对社会有所贡献的占比呈上升趋势。可以说，随着年龄的增长和阅历的丰富，对财富之外的意义追求变得更为普遍。希望上述研究的发现可以对你个人的意义树梳理和认识他人的价值观有所启发。

在意义树中，我们区分了工作和生活，为的是更为清晰地梳理行为和目标。如第3章中对自我认知的阐述，每个人虽然有多重身份和角色，在不同情境下有不同的行为和心理调整，但每个人都应是一个整合的人。不同的角色和身份之间，不应是割裂或者取舍的关系，而是多线程的平衡和管理。工作本身就是生活的一部分。移动办公技术的发展、疫情和各种外界因素所带来的不确定性，以及工作形式的变化，使生活和工作的时空界限变得越来越模糊。我们梳理意义树并不是要割裂地分出工作和生活的心理账户，而是为了从梳理中发现共通的意义和热爱。

热爱是没有高低之分的，你可能像 C 一样在创业中找到热爱，也可能在生活中找到热爱，成为一个好父亲、好母亲、好伴侣，和家人一起尽享天伦。你的热爱也可能是横跨工作和生活的，比如一个乐于助人的人投身公益事业，一个爱打游戏的人成为游戏设计师，一个爱时尚的人成为美妆博主，一个爱读书的人成立了阅读平台，一个热爱电影的演员成了制片人……这样的例子在我们的学员中数不胜数。当我和他们交流时，我能够深切感受到由热爱所带来的强烈的感染力，以及他们融合了激情、自信和改变的决心。我还见过在多个领域不断达到专业级水平的企业家学员，他们向我展示了专注的热爱是一种可迁移、可转化、可以触类旁通的统合能力，而这种能力并不依靠天赋。

意义树所代表的对于目标系统的梳理是一个不断动态调整的过程，它能够帮助我们摆脱外部奖惩的短期刺激，对自己的深层需求进行挖掘，从而找到人生意义的方向。人生意义就像是树根，一棵树只有一个根，却有无数的根须深深植入大地。我们的人生意义也是多个面向的组合，包括我们想成为怎样的人，想要如何看待并影响世界，以及我们想与他人建立怎样的关系和联结。意义追求不是一旦实现就结束了，而是贯穿于我们的一生。

追求意义的过程本身就是意义的一部分。追求意义调动了我们的自我掌控感、效能感，并且我们能从中获得行为改变的驱动力。即便目标系统形成了一致性，我们也需要定期回顾。环境和自身的认知都在持续发生变化，目标系统需要有一定的适应性。就像是一棵树，在外部环境较为稳定的时候，按照大目标分解、排序，按部就班地生长就足够了，但当环境极度不稳定的时候，比如遭遇极寒天气或者病虫害，就不得不修剪枝叶和涂药防治。因此我们的意义树本身需要具备一定的适应性，在环境发生变化时，从短期目标和行为开始调整。目标系统的梳理并非一日之功，坚持通过小赢行动实现目标的过程就像是意义树向上生长、枝繁叶茂。我们的意义之旅，也不再是西西弗斯式的徒劳无功。制定目标不是为了到达，而是为了出发。在挖掘意义的路途上，我们会收获很多意想不到的"隐秘宝藏"——深植内心的热爱。

韧性认知

- 不惜一切代价的执念应该被适当的取舍代替。连贯性目标架构越清晰，我们越容易找到自己专注的热爱。
- "热爱四象限"，从专注度和兴趣度两个维度帮助个人更好地将时间管理和人生意义、激发热爱进行连接，切实提升时间的"幸福效能"。
- 定期体检的观念已经深入人心。对人生意义来说，我们同样需要定期回顾和检视，才能及时调整或者改变航向。
- 不同的角色和身份之间，不应是割裂或者取舍的关系，而是多线程的平衡和管理。专注的热爱是一种可迁移、可转化、可以触类旁通的统合能力。

韧性练习

1. 请把过去一周的活动填入图 7-11 "热爱四象限"，什么让你感到惊喜？哪些活动可以向热爱象限移动？选出一项列出行动计划。

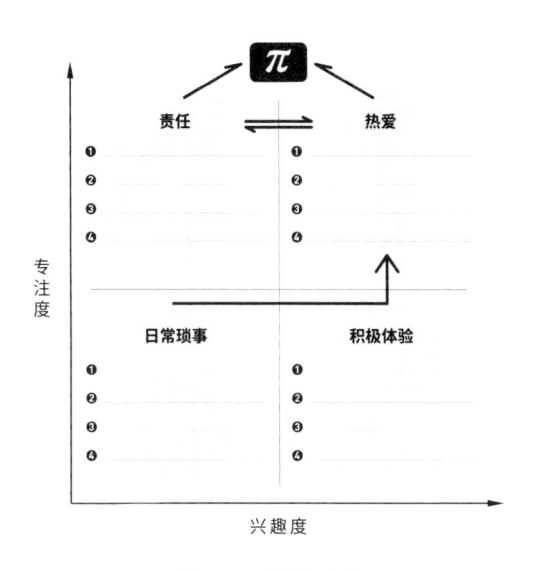

图 7-11 热爱四象限

2. 填写你的目标导图并绘制图 7-12 意义树，对你启发最大的"反思弹窗"是什么？不要忘记，在你画出自己的意义树之后，再翻回到第 83 页，回顾一下在阅读第 3 章之后你为自己拆解的"套娃"。重新审视和思考：你的内核到底是什么？你给自己穿上了几层套装？接下来该如何做出调整和改变？

工作　　　　　　　　　　生活

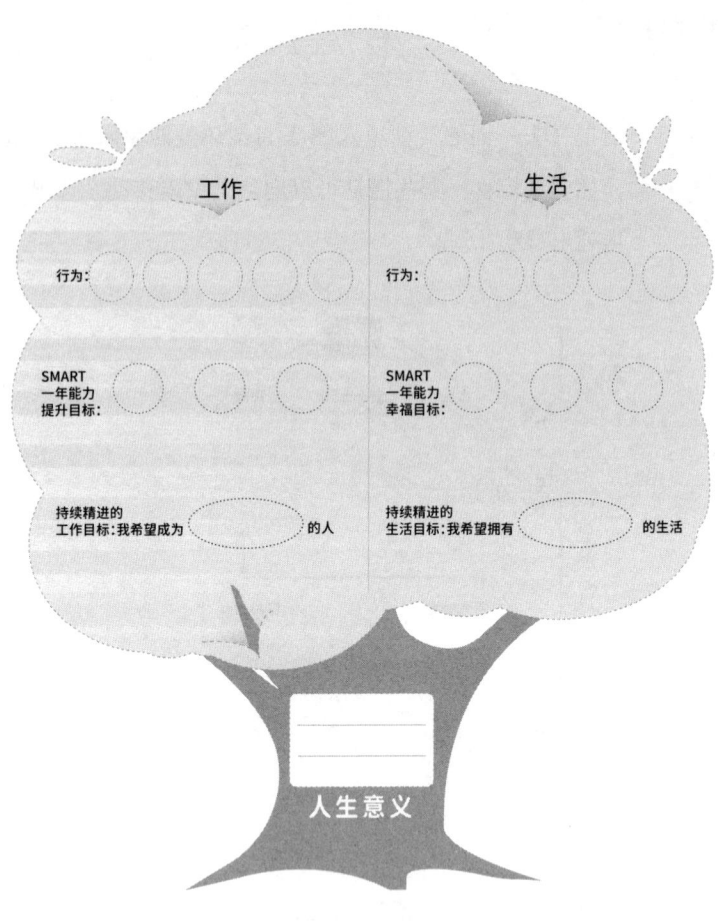

行为：〇〇〇〇〇　　　　行为：〇〇〇〇〇

SMART
一年能力　　　　　　　　SMART
提升目标：〇　〇　〇　　一年能力
　　　　　　　　　　　　幸福目标：〇　〇　〇

持续精进的
工作目标：我希望成为_____的人　　　持续精进的
生活目标：我希望拥有_____的生活

人生意义

图 7-12　意义树树状图

第四部分

韧性飞轮之连接

第 7 章的结尾处分享了我和研究团队进行的全国性的 Z 世代职场价值观调研。调研结果表明，随着年龄的增长，更多的人更重视金钱之外的意义追寻，其中，对社会有所贡献是重要的价值诉求之一。人存在于社会之中，社会化的过程贯穿于人的整个生命。我们通过与他人的互动和连接成为家庭、组织、社区和社会的一部分。如本书开篇所述，韧性只有在逆境中才能检验。逆境会激发我们自身潜藏的能力，也会改变我们对他人和世界的认知和行为。同样，逆境也是关系的试金石，让我们发现能够患难与共的家人和朋友，还会强化彼此的情感联结。无论是创伤后成长，还是日常生活，社会支持都不可或缺，是我们重要的心理资源，也是幸福感的主要源泉之一。因此，本书的最后一部分将着重探究韧性飞轮的第三个叶片——"连接"。

第 8 章的重点是通过拆解信任关系的基本要素来探讨一个核心问题，那就是为何有意识地去建立关系并不断帮助他人是打造我们自身韧性的关键因素。人际关系是一个庞杂的系统，我们需要根据具体情境和对象灵活应对和调整。第 9 章将由个人韧性转向组织韧性。组织是一个生命体，通过分析和梳理案例，第 9 章聚焦不同企业在打造人才韧性方面的共性挑战，并提出组织韧性提升的初步框架，旨在为提升韧性的研究和实践探寻更多的可能性。

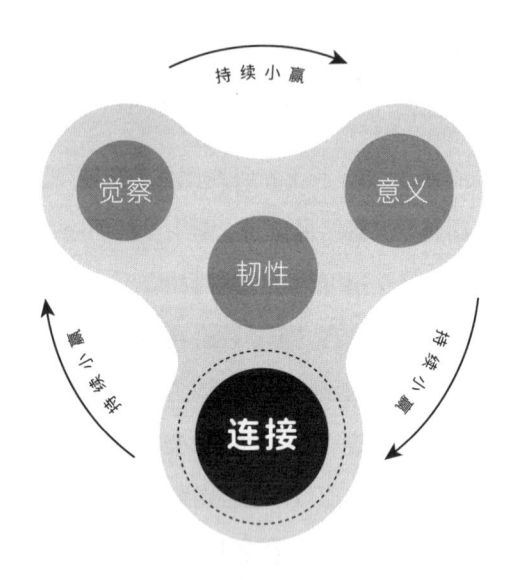

图Ⅳ-1　第四部分飞轮图

第 8 章　在关系中提升韧性

> 享受社交、享受他人的陪伴可能无法令个体产生智力或情绪上的满足感,却是能让个体拥有真正幸福的关键。
>
> 马丁·塞利格曼

人的社会性

在进化史上,人类的胜出离不开集体的能力,也就是社会的能力。美国著名社会心理学家约翰·卡乔波对孤独问题有着长达 15 年的研究。在他看来,相比其他生物,人类在个体的身体条件上有很大的劣势,但是优势在于"推理、计划与合作能力。人类的生存取决于集体能力,即与其他人一起追求某一个目标的能力,而不是依赖于个人的力量"。在漫长的进化过程中,人类不可避免地遭受着各种各样不幸的打击,群体层面的凝聚力和韧性对于人类的生存具有重要作用。

社会复原力将不同的个体连接在一起,让宏大的群体目标超越了一个个孤立的个人,使整个群体团结起来共同面对各种生存挑战。在动物界,我们也能找到集体能力的重要例证,比如狮群和狼群在捕猎过程中相互分工和配合;蚂蚁和蜜蜂建立了等级森严的组织,包括工厂、要塞以及通信系统。在电影《帝企鹅日记》中我们看到,企鹅爸爸们在极度寒冷的天气中,围成圆圈缓慢地行走,与此同时进行孵蛋,它们轮流到圆圈的外围为同类保暖,等待着企鹅妈妈们觅食归来,这样的集体能力是繁衍生存的本能使然。

进入文明阶段之后,从个体层面,人的自我认知和意义追寻更加离不开社会连接。大量研究结果显示,高质量的人际关系对人们的身心健康、能力发展和幸福感受都起着积极作用。[1]与此相呼应,人际关系和互动受阻则是消极情绪和负向心理状态的重要来源之一。哈佛大学的研究显示,即便处于社交孤立的人没有感受到孤独感,他们早死的风险也会增加50%~90%,因此和外界建立连接成了我们生存的基本要素。

在个性化的时代,我们每个人似乎都要面对一种平衡:一方面,我们需要个体层面的觉醒,去追求自我认同和意义感;另一方面,价值的评判和意义感的界定又与他人、社会息息相关。100多年前,社会学家查尔斯·库利提出了社会角色和社会互动的经典概念——"镜中自我"[2],比喻每个人自我形象的形成,就像照镜子一样,想象着自己在别人眼中的样子。

而从大脑机能的角度，神经心理学家贾科莫·里佐拉蒂在20世纪90年代有了重大发现——"镜像神经元"，其功能为反映他人的行为。镜像神经元是语言、音乐、艺术等文明活动得以发明的生理基础，帮助人类从简单模仿进化到复杂模仿，这也是"共情"这一重要心理机制的基础。[3]在心理学界，有学者认为，镜像神经元对于心理学的价值，可以与DNA（脱氧核糖核酸）的发现对于生物学的意义相对应。

我们常说有着高共情能力的人可以迅速换位思考，对他人"感同身受"。事实上，"共情"的极端状态，是一种叫作镜反射触觉联觉症的病，患病者看到他人被碰触，自己也会"感觉"到这种碰触。医生对他们进行脑部扫描，结果发现，他们由此产生的神经活动和自己真实触碰是一样的。[4]正如心理学家威廉·詹姆斯所说："个人所谓的'我'和'我的'，二者之间的界限很难划定。"在一些特定的情境下，每个人都会与他人产生强烈的同感，比如，作为母亲，我一直对于拐卖儿童的报道和影视作品比较敏感；看到虐猫的情景也会激发我的强烈痛苦；每当我听到一首叫作《玉珍》的歌曲，思绪就会飘向远方，因为这是一首写给姥姥的民谣。

大量心理学和行为学的研究告诉我们，人们倾向于低估情境的影响，却高估性格的影响。[5]在阐述韧性的过程中，我反复强调的一个前提是，不要把某人的行为表现过度归因于"性格"因素。性格归因暗含了一种天性如此、不可改变的判定。这样的判定往往是不准确的。如前所述，对不利事件的个人化归因是悲观解释风格的一部分。在我们中国人的文化典籍中，谈及情境对人影响的表述不胜枚举，比如"孟母三迁"，"近朱者赤，近墨者黑"，"物以类聚，人以群分"。尽管有了这样的认知，下面的研究证据对情境"影响力"的揭示，可能还是会超出很多人的预期。

为了研究幸福如何在人与人之间传导，英国的两位研究者进行了一项长达20年的跟踪调研，研究对象是社区中的4 739位居民。研究者对社会关系进行了分层，看幸福能够传导到哪一层。[6]结果发现，幸福感最多可以传导三层，也就是说，如果一个人是幸福的，他朋友的朋友的朋友都会受到"感染"。假设你有一位住在1英里①范围内的朋友，当他变得开心的时候，你的幸福感增加的可能性会提高25%。如果是你的邻居变得开心，你受到感染的可能性会提高34%。如果是同住的配偶或是1英里范围内的兄弟姐妹变得开心，你受到感染的概率则为8%和14%。

随着时间的延长和距离的疏远，幸福感的传导也在衰减。研究给我们的启示是，人们的幸福感受到关系连接的影响。在研究者看来，幸福感和健康一样，是一个群体现象。英国的这项研究和更早的一项美国马萨诸塞州的研究形成了呼应：孤独和抑郁的情绪感染力与地理距离成正相关关系，如果你和孤独的人住得近，你感到孤独的可能性就会增加，抑郁情绪也是同样的道理。[7]但让人欣慰的是，幸福感比孤独感或抑郁更具感染力，甚至还能超越时空。如果某人的幸福感在某个时刻上升，受其感染，

---

① 1英里≈1.6公里。——编辑注

邻居的幸福感也会在另一个时刻上升，而这种情绪会继续传导给邻居的邻居，只是程度有所下降。

心理学家利维·维果斯基说过："所有高级的心理机能都是外部社会关系在个体内部内化的结果。"韧性的建立也是如此。在个人层面，能够拥有相互扶持、相互信任的关系，并在此基础上拥有可以获得广泛支持的社会网络，对于韧性的打造和提升极为重要。在飞轮模型中，觉察和意义两部分更多地聚焦于个体层面，连接则更侧重于社会层面。对强大自我的追寻不代表韧性是一种孤立的"个人主义"的显现。韧性需要在关系中建立和强化。心理学家认为，并不存在所谓的"韧性基因"，在重大逆境中能够良好适应的关键是至少有一种可靠的人际关系。[8]

疫情之后，我在和企业家学员交流的过程中，不断听到他们对提升组织韧性、重新凝聚士气应对挑战的诉求。基于我们在企业调研中对组织韧性的研究，我们发现，组织韧性并不是组织内各个成员个人复原力的简单叠加，而是在互动中不断促进的三个要素：第一个是每个个体拥有复原的能力和技巧，这些能力可以帮助个人和组织适应环境变化；第二个是个体在组织内拥有积极的体验，包括人岗匹配、战略同频、个人目标与组织目标的相对协同、和组织一起成长、可预见的发展空间和前景等；最重要的是第三个，即个体在组织内拥有相互信任、相互支持的人际关系（第9章将对组织韧性做详细阐述）。

在组织中，关于乐观态度对士气影响的研究也表明，积极的人际关系能够提升整个团队的幸福感与表现。对NBA（美国职业篮球联赛）的研究发现，教练的乐观性会直接影响球队队员的乐观性，从中能够预测球队能否从失败中快速恢复。[9] 同理，通过分析美国陆军坦克车组的团队表现，研究发现具有乐观文化的团队在表现不佳的境况下复原力更强，这说明当组织提倡乐观文化时，其团队更具韧性。[10] 幸福感具有感染性，团队领导的情绪能够影响整个团队。因此在领导力领域，近年来越来越多的学者强调应该把幸福感的培养和激发作为管理者的能力要素之一。在新冠肺炎疫情暴发期间，我和研究团队对5 835位受试者进行了社会调研。其中一个研究结果显示，在受访者看来，"一把手和高管亲自鼓舞员工士气"是企业在帮助员工提升确定感方面最有效的三个方法之一（另外两个是"完善防疫措施"和"明确战略目标"）。

　　对于韧性的打造，掌控感是根基，而对于人与人之间的连接也是如此。失控引发焦虑，能够给他人确定感的人更受欢迎，也更能得到信任。这一点在组织的领导者身上得到了集中体现。无论是在生活中还是工作中，信任的建立都是通往高质量关系的必由之路，而信任的维持也往往是考验关系的难点。大量研究揭示，对于个人韧性的提升，建立高度信任的支持性关系同样是不可或缺的一部分。换言之，只有在关系中持续强化信任联结，才可能积累更多的积极体验。当不利事件发生时，这样的信任关系和能够信任的对象才能带给你持续的支持，共度危机。这样的情感联结，可以是亲情、友情和爱情，也可以是工作中的同事、合作伙伴、上下级或者师徒关系。

信任并非感觉

信任是一种看上去非常主观的感受，我们会对信任有朴素的认识——"路遥知马力，日久见人心"。信任是人与人之间在长期的互动交流中逐步建立起来的，但是，一次失信的表现就足以让长久积累起来的信任重新归零。在信任的研究中，行为学者和心理学家们要通过研究将其拆解，提供可行的框架，给我们提出行动建议。全球著名的企业服务管理咨询专家大卫·梅斯特在《值得信赖的顾问》[11]一书中，基于对信任感在理性和感性层面的诸多案例研究，提出信任的公式：

信任 = 胜任力 × 可靠性 × 亲密性 / 自私度

胜任力代表资质，即你是否拥有完成某项任务或者处理某起紧急事件的能力，比如，面对困境或者危机时，你能否冷静沉着地看清复杂问题或者情境的本质；你是否善于协调上下级关系或者夫妻、亲子关系，并通过沟通给出具有建设性的反馈和意见；你是否拥有足够的专业知识和能力，从而有条不紊地开展工作，而不是轻易被他人影响；等等。

可靠性意味着个体以身作则且言行一致，是一种不会过度承诺、落实于行动并敢于承认错误的行为表现，也就是你是不是一个靠谱的人。胜任力和可靠性这两点要求是职业人的准绳。在个人层面，信任的赢取要靠持续地学习专业技能和改善工作方法来让自己不断进步；在团队层面，如果进入一个新的业务领域，要想赢得客户的信任，可以聘请相关专家，弥补在新领域专业性缺失的短板。

除此之外，对于建立信任，更为重要的两个维度是亲密性和自私度。亲密性代表一个人的亲和感。在很多人看来，人们在工作中应去除感性，保持理性，因此在工作中不需要和领导、同事建立私交，工作关系应该就事论事，不去分享自己的私人话题，更不会和同事成为朋友，这也遵循了所谓工作和生活的平衡原则。实际上，工作占据了人们工作日甚至休息日的大部分时间，远程工作的便利也让工作和生活更难从时空的维度进行切割。研究表明，54%的心流状态发生在工作中，而只有18%的心流状态发生在休闲中。[12]因此，同事之间、上下级之间的亲密性在很大程度上决定了我们在工作中的愉悦感和成就感。就像在第4章中提到的，在认知学派心理学家的眼中，人类个体并不是一种理性的动物，偶尔有情绪，而是一种感性的动物，偶尔会有一些思考。人在组织中有工作理性之外的情感需求，包括获得尊重、认可、友善的对待等。建立适度的情感联结需要人们有一定频率的彼此接触，在此过程中，主动关注对方以找到共同的兴趣、爱好或价值观，在能够友善分享信息、资源的基础上互相帮助。

研究表明，完全没有工作任务之外的接触是同事之间建立信任的减分项。我和团队在进行企业调研的时候发现，很多企业会把工作时间外的聚餐作为团队建设的重要形式之一。这是因为在这样的场合中，一部分人会卸下职场人的"面具"，还原成一个更为完整的人，有一些真情流露，在工作中产生的矛盾和问题往往会得到一定程度的化解。我们在组织韧性的调研中，曾深度采访过一家生产制造企业的一把手，他的企业有几千名员工，但他依旧在每次出差去到不同城市的生产基地时，在一天繁忙的工作后，和当地分公司的中高管、骨干员工一起去喝酒、踢球、钓鱼。他这样说："这些球可以踢也可以不踢，酒可以喝也可以不喝。我不是仅仅为了高兴和玩去的，这是一个交流情感的过程。"

曾为美国海军陆战队战士的丹尼斯·珀金斯，在退役后长期致力于个人与团队在不确定性环境中（尤其是在极端的逆境中）如何提升领导力的研究。他在《危机领导力：领导团队解决危机的十种方法》一书中指出，上司以无私、不求回报的心态去帮助下属，打造兄弟情谊文化是十大危机领导力的第一大策略。[13] 当然，我们并不能由此简单地得出结论：经常和下属吃饭对信任的提升有好处。不同的行业、不同的企业性质都不能一概而论。兄弟情谊文化在某些行业、某些企业行得通，但在其他行业或者企业就未必适合。其中有一点尤其值得我们关注，根据全球范围内行为测评的数据，在没有具体情境约束的前提下，85%以上的被测者的决策风格都是感性的、凭借直觉的，而工作情境会帮助人们适度收敛感性倾向，对环境做出更为客观的评价。因此，过多的非工作接触也可能会产生角色认知冲突，由此带来情感绑架的风险。

信任公式中胜任力、可靠性和亲密性三个分子的各自得分范围是1~10分，程度越高，得分越高。信任公式中的分母为自私度，代表人们自我利益导向的行为表现。当人们在工作或者生活情境中的关键时刻能够换位思考、关注他人的利益得失、做事谨

第四部分 韧性飞轮之连接

慎但有担当、愿意承担风险的时候，信任的建立便有了坚实的基础。反之，当一个人过度自私，以牺牲他人利益为代价获取个人利益、凡事找借口以推卸责任的时候，人与人之间的信任关系是无从建立起来的。

　　自私度的分值范围是 1~100 分。与三个分子的正向关系不同，自私度的分值越低越好。1 分代表的是完全无私状态，是一种理想情况，即便父母对子女也不是绝对无私的。100 分代表一个人绝对自私，这也是一个理论分值。这样的赋值是为了表明 4 个变量对信任建立的影响。理想状态下，人与人之间 100% 的信任可以得到的最高值是 1 000 分（即胜任力 10 分 × 可靠性 10 分 × 亲密性 10 分 / 自私度 1 分），最低值是 0.01 分（即胜任力 1 分 × 可靠性 1 分 × 亲密性 1 分 / 自私度 100 分）。

　　在决定信任的三个分子因素中，亲密性受到环境的影响最大。目前科技正在以指数级速度发展，互联网技术驱动办公方式发生了重大的变化。受到新冠肺炎疫情的冲击和影响，对很多企业而言，远程办公、弹性工作时间已经从刚开始应对疫情的临时举措变成了日常的标配，在线办公的工具也日臻完善。2020 年 5 月，脸书 CEO 扎克伯格公布了一项决定：在未来的几年之内，脸书将向其所有员工推出永久性居家办公的选择。[14] 在脸书的全体员工大会上，扎克伯格还预测道，不到 10 年内，全球脸书员工中会有一半以上的员工选择永久性居家办公。工作方式的转换让信任公式中的亲密性变量受到了一定程度的影响。因此，面对面交流的减少对团队的信任和凝聚力会产生怎样的影响，值得今后的研究进一步探讨和关注。

这个公式为我们对信任度进行评估以量化的方式提供了指导框架。根据影响信任的 4 个因素,我们了解到,在实际情境中人们之间的信任关系不是坐在那里想当然的一种感觉;相反,信任是在一件又一件的事情中积累起来的一种相互关系。在过往的团队干预中,我们经常看到的一类现象是,两个无法合作共事的同事在分析原因时把精力过度聚焦在互相诋毁上。从前文中,我们已经非常清楚地了解到,情绪源于想法。人们在分析对方存在的问题时,往往会把不同时间点所发生的事件做无序关联,并加上自己带有偏见的解释,从而陷入自己的情绪,把想象等同于现实。因此,在评估人与人之间信任关系的时候,建议大家首先限定情境,就像焦虑拆弹法中所讲到的,客观记录事实是将情绪有效剥离的第一步。因此,对于信任关系的评价需要人们把影响信任的 4 个因素放在具体的情境中进行拆分评估以找到问题所在(见表 8-1)。

表 8-1 信任的公式情境分析

情境	A.胜任力得分	B.可靠性得分	C.亲密性得分	D.自我取向得分	信任值
情境一:					
情境二:					
情境三:					

在影响信任的4个因素中,从分值范围的比重来看,一个人是否自私、能否换位思考去帮助他人达成对方的利益,对于信任的影响最大。在人际关系中,利他的重要性不言而喻(这部分内容将在本章最后重点展开)。除此之外,在决定信任的三个分子因素中,有关人与人之间亲密性的重要性在不同文化背景下所受到的重视程度是不一样的,甚至在有些情境和企业文化中,亲密性被刻意低估。亲密性的提升,始于良好的沟通。在建立情感联结的过程中,无论是信息分享、彼此接触还是互相关注,都涉及我们选择如何回应。沟通学是一个庞大复杂的体系,涉及不同的情境、关系类型、技巧和心理机制。这方面的著述已然卷帙浩繁,从提升信任的角度来说,沟通中的积极回应尤为重要。

沟通中的积极回应

人是在互动中彼此认知的,而情绪和看法都是相互感染的。渴望得到认可和赞赏,是人的重要需求,人们也更倾向于和喜欢自己的人交往。当发现他人身上的闪光点,看到了好的行为时,我们要及时进行回应,经常性地表达出来。[15]"己所不欲,勿施于人",如果希望自己变得受人欢迎,就不要经常盯着对方的缺点。在进行企业调研访谈的过程中,我们发现,哪怕是元老级的高管,也非常渴望老板的认同,有的人在访谈中表示:"别人夸自己十句,也比不上老板的一个字。"一项针对离职原因的调查显示，直属领导的不认可是离职的重要原因之一。[16] 由此可见在沟通中表达认可的重要性。遗憾的是，在我们的文化传统中，对于语言表达存在一种负面偏见。在一项针对全球 13 种语言有关正面和负面表达频率的研究中，清华大学的积极心理学研究中心发现，在过去 200 多年间，中文的负面表达在世界上 13 种主流语言中是最为明显的。多数人习惯性地呈现出消极的表达倾向。[17]

不少人片面地认为正面表达是一种虚伪的表现，甚至有些人对"行胜于言"的解读是行动可以替代语言的表达。但是情感的表达只存在于自己的心里，对方是感知不到的。在企业访谈中，我们发现了这样的沟通难题：一方面，核心团队成员觉得老板对自己不认可；另一方面，老板却是"爱你在心口难开"，看似用很多方式挑战高管，实则是倒逼高管不断自我突破和成长。可是这样的苦心，如果长期不表达，会造成很多的误解，高管会认为老板对自己不认可，如果这时候再叠加"空降"高管夹在其中，新老融合会面临巨大的冲突。在职场中，要想成为一个同事可以信赖、团队中不可或缺的人，需要积极地表达善意和赞美。当然，这种表达的发心应该是不求回报的。一旦抱有目的性而对他人抱有过多期待，即便不被对方发觉，也会造成失落，内心逐渐失去积极回应的动力。

心理学家雪莉·盖博教授在研究中发现，从积极 / 消极和被动 / 主动的角度来看，人们在沟通中往往呈现出 4 种不同的回应方式，包括：积极主动，即真诚热情的支持（正面的语言回应，并结合适当的身体语言和积极情绪的表达）；积极被动，即低调支持（只对事件表达知晓，但没有任何积极情绪的流露）；消极主动，即指出事件的消极方面（只看到事件不好的一面，而忽视正面回应，并同时表达消极情绪）；消极被动，即忽视该事件（完全不理会或者非同频回答）。[18] 在这4种回应方式中，消极被动是一种"冷暴力"。无论是在工作中还是在亲密关系中，冷漠都是一种情绪上的虐待，使对方陷入孤独，逐步走向崩溃。

人们在日常工作和生活中负面表达的频率要远远超出我们的觉察范围。很多时候，下意识的恶语相向貌似能让人们在刹那间发泄情绪，但"良言一句三冬暖，恶语伤人六月寒"，事实上，一句恶语的杀伤力远不是一句良言可以抚平的。在沟通方面著名的"洛萨达比例"来自巴西心理学家马塞尔·洛萨达教授。洛萨达教授的研究先在企业中进行，他对60家公司内部会议的录音进行了整理。[19] 以经营表现进行分类，这60家公司中，有1/3业绩突出，1/3运转良好，其余的1/3面临破产。研究者以句子为单位对其中的正面表达和负面表达分别进行编码。结果显示，当正面表达与负面表达的比例低于2.9∶1的时候，企业就会面临破产倒闭的风险。由此简单地推导，为了维持良好的沟通，每说一句负面的话，至少需要用三句正面的话来补偿。

当然，这并不意味上述比例越高越好，好话并非越多越好。如果正面表达过多，很可能会导致团队成员的危机感不足，很多潜在问题会被忽略。在此需要关注的是，洛萨达比例和企业经营状况之间只存在相关性，并无因果性，很可能是企业的经营不善导致了沟通中的负面表达增多。此外，正面表达并非要管理者采取只表扬、不批评的做法。适度乐观，同时善于发现并关注那些取得进步的场景，对于团队和企业应对高度不确定性的环境极为重要。[20] 清晰界定小赢，并在日常工作上保持努力发现小赢的意识，鼓励员工之间、团队之间采用积极的、主动乐观的对话方式，对于营造良好文化并实现业绩指标的达成有明显的助力作用。

在洛萨达之后，约翰·戈特曼把同样的研究方法扩展到婚姻关系中，通过沟通中的回应方式和沟通内容预测离婚率。从20世纪70年代开始，他带领研究团队进行了长达几十年的跟踪研究。研究在被称为"爱情实验室"的公寓中进行。公寓坐落在美国西雅图的海边，尽可能地模拟现实中的生活场景。1985年的一次研究中，有85对夫妻受邀参加。每对夫妻在8个小时没有见面后，到达实验室。实验人员要求这些夫妻就三个话题进行15分钟的交谈：当天发生的事情、夫妻关系中好的方面、可能引发冲突的想法。当他们交谈时，隐藏摄像机会记录下他们的生理反应，比如交谈中的面部表情等。每次观察完成后，研究人员就把录像带中的对话转写成文字并进行编码。

大多数受试夫妻在1987年再次参与了研究，然后每年观察一次，直到1997年。2002年，研究人员对这些夫妻进行最后一次观察。截至2002年，这85对夫妻中有21对已经离婚（约占比25%）。戈特曼根据在追踪研究中总结出来的方法在另外70多对夫妻中进行了验证，从而提出婚姻中的洛萨达比例为5∶1。这就意味着，幸福的夫妻在沟通中，每说1句负面表达，会对应

5句以上的正面表达。戈特曼的研究结果显示，婚姻交流中有4种毒药：批评、蔑视、防御和冷漠。有这4种回应方式的夫妻平均会在婚后5~6年内离婚。而其中一项研究显示，6年后感情依旧良好的夫妻在86%的情境下会选择积极主动回应对方在情感方面的"恳求"，比如尝试获得关注、爱或者支持。[21]从这些研究中我们可以获得这样的启发：日常沟通中我们所选择的回应方式，对于人与人之间亲密性的建立和信任的打造至关重要。如果希望他人成为自己韧性的同盟，获得持久健康的关系，就需要双方积极投入日常交流。

积极的回应不仅仅限于同事之间、夫妻之间或者是互相熟知的人之间，也可以发生在不相识的人之间。实际上，积极的回应能够让我们体内一种被称作"爱的激素"的神经递质更好地发挥作用，从而促进自身从压力导致的损伤中得到恢复。从进化心理学的角度来看，我们脑部这种让人们去爱的物质叫作催产素，是一种神经激素，直接作用于脑部神经的功能和运作，由垂体后叶分泌。催产素的作用由英国神经科学家亨利·戴尔在1906年首次发现。1953年，美国生物化学家文森特·迪维尼奥将催产素分离出来，并凭此获得了1955年的诺贝尔化学奖。催产素在希腊语中被译为"快速生产"。它能刺激乳腺分泌乳汁，在分娩过程中起到加快子宫平滑肌的收缩、促进母爱的作用。此外，催产素还能减少人体内肾上腺酮等压力激素，以降低血压。但催产素并非女性专属的激素，男女均可分泌。实际上，中枢神经系统的催产素能够调节人们社会行为的诸多方面，比如共情、信任和对社会相关线索的记忆，并且能够减少焦虑和其他与社会压力相关的反应。

因此，催产素可以很好地调节大脑的社交本能，促使人们与别人交往。催产素可以促进人们享受社会交往本身，以及在此时此刻所经历的简单的快乐，因此是"当下"神经递质的一种。每当我们积极回应他人，无论是给予对方善意的眼神交流、点头、握手、拥抱，还是表达关注、赞同、理解和喜爱等多种情绪线索，体内的催产素都会被激发，这种相互链接的行为促使人们更愿意参与社交活动，更具合作精神，更为大方慷慨。催产素是一种令人们更加"社会化"的激素，对于人体的益处通过社交联系和人际支持发挥作用。催产素让人渴望拥抱或接触，希望主动帮助他人；人与人之间的接触和互动促进催产素的进一步分泌，心脏产生催产素受体，帮助个人从压力中复原。

回想这样一个场景：当空姐走到你身边，蹲下并礼貌地询问本次航班你希望用哪个套餐，喝什么样的茶饮时，你头也不抬地盯着自己的手机，漫不经心地回答着。也许下次再进入这样的场景，你能够尝试暂时放下手机，给空姐两分钟的积极回应，无论眼神还是言语，这不仅是对他人的尊重，而且能帮助自己激发催产素的分泌。当我们有意识地进行选择时，神经通路会不断得到强化，积极的本性会在内心深处扎根。久而久之，我们的整个社会会更加温暖。也许数年后，大数据的统计中，中文就不再是那个负面表达最多的语言了。

在建立信任关系的过程中，积极回应是需要我们特别关注的一个行为原则，尤其是在我们身处的这个个性化时代。个性化时代中的精准触达，能够从另一个角度帮助我们理解如何提升人与人之间的亲密度。也许你可以从下面的案例中得到启发。

几年前，我的一位企业家学员在准备公司两周年年庆，冥思苦想什么样的礼物能够引起绝大多数90后员工的喜爱。最后，公司没有按照惯例给大家发红包、聚餐喝酒，而是给每一位年轻的员工送了一张刻有他们自己形象的木刻激光肖像画。这样一个成本只有20元的小礼物，使得公司中的90后员工纷纷发朋友圈。这类木刻激光画如今已经到处都是，在几年前却颇为新潮。这就是"个性定制化"的神奇力量。试想一下，当你出差入住酒店时，一张开头写着"亲爱的×××女士/先生"的小卡片肯定要比一张印着"亲爱的贵宾"的通用卡片带给你更亲切的感受。

很多场景中，你也许并不会非常在意这些小细节，但个性化时代已经来到我们的身边。在前文中我曾经论述过个人的崛起和每个人对自我的关注，也通过大量的研究梳理说明了"觉得自己特别"是普遍存在的心理特征。在与他人之间加强亲密性以建立信任的过程中，我们要逐渐放下对自我的执着，给予他人更多个性化的关注、肯定和赞美，这对于陌生人之间的破冰、新关系的建立和深化、矛盾的化解等都会产生远超预期的积极影响，可谓是"小成本、大回报"的沟通和人际互动原则。

自我的觉察永远都是在关系中进行的。人与人之间的共情，让我们的情绪相互感染，观念相互影响。韧性的打造既需要独处时的自修，也需要与他人共修。虽然总结起来很简单，但践行起来面临各种各样复杂的情况，深层的灵魂联结总是世间可遇而不可求的事。尽管如此，我们仍然可以从小处开始修行。共修和自修一样，都需要在日常下功夫，从每天相处的细节开始，哪怕能够有几分钟的专注聆听和积极回应，对于关系的深化都有重要的作用。我们总说"见面三分情"，这是非常有智慧的经验总结。与其他任何欲望相比，人们最渴望的就是被倾听。西方有句谚语，"就连魔鬼都想被倾听"。只有深入地倾听才会带来真正的沟通，正如管理大师彼得·德鲁克所说："沟通中最重要的事，就是聆听那些未说出口的话。"在你真正听到对方所表达内容背后的情绪，并给予积极回应时，你付出的是"一对一"的注意力。每一次交流都是"一期一会"，你和对方分享了一段生命。在下一次和他人交流时先想到这一点，想到自己和对方都是独一无二的存在，带着好奇和期待，也许一切就会不一样了。

自利并利他

信任公式中，三个分子的分值范围都是 1~10 分，唯有作为分母的自私度的分值范围是 1~100 分。由此可见，一个人的利他性对于建立人与人之间的连接至关重要。过往的研究告诉我们，利他是给自己带来持久幸福感的最高阶元素。每个人对幸福的定义千差万别，然而对幸福的渴望仍是生而为人最终极的追求。从古到今，先贤学者和大成就者都在以各自的方式，从不同的角度解析幸福这个宏大命题。随着100多年来心理学和跨学科研究的发展，我们对幸福有了更为微观具体的认知。在《持续的幸福》一书中，积极心理学家马丁·塞利格曼提出了人类的幸福有五大关键要素，可以理解为五层幸福，包括愉悦的感受、成就感、做喜欢并擅长的事、温暖而持久的亲密关系以及帮助他人。其中最高层级的幸福感来自利他，这是我们持久幸福感的源泉。

　　从生理和心理作用机制的角度来说，帮助他人对于我们的身心健康有着不可忽视的作用。脑科学专家研究发现，在人们帮助他人时，大脑中会释放两种影响我们情绪的重要神经递质，一种是我们在第3章中提到的多巴胺，另一种是被称为"大脑冷静指挥官"的血清素（5-羟色胺）。[22] 在这两种神经递质的共同作用下，我们的情绪会得到强化，令我们从心底感到快乐。

　　和催产素类似，血清素也属于"当下"神经递质的一种。血清素能神经的神奇作用在于它可以"管理"可能因过度兴奋而大量分泌的多巴胺能神经和去甲肾上腺素能神经，从而确保大脑保持冷静。这种平衡作用能够帮助人们在保持适度紧张的同时发挥个人最大潜能。在血清素能神经正常运转的情况下，即使有压力，个人也能很好地进行调适。当我们体内能够有规律地释放血清素能神经时，我们不仅能够在早上爽快地醒来，体验到大脑被快速唤醒的清明，而且可以享受安稳的深度睡眠，这是因为血清素是制造褪黑素的原料。当我们体内血清素能神经功能低下时，那些有"早起困难症"的人所体验到的则是明明睡了一个晚上，醒来后大脑仍然昏昏沉沉。研究表明，血清素的释放与人们的韧性以及抗压能力都直接相关，而帮助他人和韵律运动（比如冥想时的腹式呼吸、散步、慢跑等）都能够激活人体内的血清素能神经。

此外，当我们付出的时候，大脑还会分泌内啡肽，这种物质能缓解压力和焦虑，带给我们兴奋感。助人行为会刺激大脑的奖赏中心，让多种美好的激素充满人体机能的各个系统，产生一种被称为"助人高潮"的愉悦感，是我们身体里天然的"青春源泉"。科学研究证实了"助人为乐"所言不虚。脑部扫描显示，仅仅是在脑中计划捐款帮助他人，都会给当事人带来快乐。[23] 助人为乐还能降低认知障碍风险，使人长寿。

因此，有意识地实践感恩，不断去帮助他人，不仅能够确保我们大脑中的情绪"指挥官"发挥稳定的作用，而且能够反复强化我们的神经通路。认知行为学派的基本假定是：每个人都可以通过自己的行为改善自身的心理状态，而且行为的强化会加强心态的转变。以寻善的作用机制为例，研究表明，压力、愤怒、沮丧和焦虑等负面情绪会导致不连贯的心率模式，其特点是不规则、锯齿状的波形。当一个人持续感恩、利他并表达欣赏、同情和爱时，他的心率模式展现出来的是连贯的、规则的、类似正弦波的波形。[24] 美国加州大学伯克利分校的研究团队曾做过一项长达5年的跟踪研究，研究对象是2 025位老人。[25] 5年中，每年参与一项志愿服务的老年人，其死亡比例比完全不做公益的老年人低44%；如果每年参与两项志愿服务，这些老人的死亡比例会比不做志愿服务的老人低63%。

上述从生理机制角度的研究解释，并不是要让我们去功利地把助人行善作为压力和焦虑的"解药"。恰恰相反，这些看似"功利主义"的认知的最终目的，是让我们摆脱助人的功利性。了解了人类对掌控感的迷恋后，我们会知道付出不是一个等价交易，"真心换真心"本身就是对他人抱有不切实际的期待。一旦有了期待之后，大概率的结果是让人失望，即便是恰好满足期待，我们的惊喜和感恩之情也会衰减。

在某个利他行为的开始阶段，从生物学功能的角度，我们可以看到感恩和助人给自身带来的益处，这些利他行为激发的积极情绪，能够增强我们的免疫力，保护心血管系统免受压力的过度侵害，进而帮助我们从挫折和逆境中复原。了解了这样的机制，我们要有意识地去创造良好的人际关系，用直接接触、面对面沟通、非语言交流去启动我们的积极感受。我们不断强化这些行为，不断重复对自己和他人的感恩、欣赏和爱的积极表达，重复得越多，企图心就会越弱，情感联结就会越强烈，对生理和心理的积极影响就越大。这会让我们逐渐跳出个体目标导向的限制，不断拓展自身的认知，获得意想不到的丰厚回报，最终在我们内心深处留下的是一种积极的本性。

当然，助人行为不仅在顺境中发生，逆境中的助人行为更考验信念和智慧，如美国黑石集团创始人苏世民所说："处于困境中的人往往只专注于他们自己的问题，而使自己脱困的途径通常在于解决别人的问题。"[26] 大量的心理学研究都得出了一个重要结论：帮助别人是提升韧性和幸福感最可靠的方法。[27] 利他与人们的幸福和健康都直接相关。研究甚至指出，帮助他人能够延缓我们自身的衰老。凯斯西储大学的研究者发现，利他主义可以给人们带来"更深层次、更积极的社会融合，将注意力从个人问题和专注于自我的焦虑上转移出去，增强生活的意义和目的，促进更积极的生活方式"。

所谓利他，换位思考是根本，但这一点在实践过程中容易被人们忘记。因为授课中涉及心理干预，多年来我结识了很多视障朋友，从他们身上我学到了很多，也反观到了健全人群常会有的偏见。一位视障朋友和我分享过，他经常遇到这样的尴尬情况：他用盲杖贴着路边走得好好的，突然有"好心人"看到他的盲杖总打到"马路牙子"，就会把他扶到路的中间。这时候他其实会面临更为困难的情况，因为他的盲杖无法探到任何的参照物（好心人眼中的障碍物），真的是茫然无措。

另一位视障朋友分享了更为有趣的经历。一天他安静地站在马路边，突然被一位好心大哥拉住左手，一路小跑带到了马路对面。大哥微微喘着粗气说："兄弟，这回你安全了，放心吧。"这位视障朋友只能哭笑不得地说："大哥，我在马路对面等朋友，没有打算过马路。"类似于这样的例子在弱势群体中经常会发生。因此，聪明的利他，是要从他人的需求出发，我们自以为的善行，可能是给对方的干扰。"甲之蜜糖，乙之砒霜"就是这种情况的集中体现。利他是情感和理智的结合，设身处地地从他人的需求出发，可以帮助我们跳出自身的"已知障"[①]，认知的迭代也会在

---

① 已知障，此处指执着于自己掌握的知识，放不下我执、我见，造成的认知障碍。

生活的其他方面给我们新的洞察和启发。

利他和自利之间的关系，一直是学术界辩论的焦点。从个体角度来看，利他并不意味着总要牺牲个体的利益，事实上，利他和自利是可以同时实现的。长期自我牺牲式的利他，会导致心理资本的损耗甚至枯竭。意志力是一种有限的资源，它消耗得很快，完全依赖意志力去完成一件事情是糟糕的策略。"做一件好事很简单，一辈子做好事很难"就揭示了这一点。所以，利他的行为起点可以是"自利"的，自利并不等于自私，而是对自我的关怀。

从进化的角度，有一种观点认为，人类的本质是自私的。[28]如果说自然设计的法则是优胜劣汰，那么每个个体需要在竞争中从自身出发趋利避害。塞利格曼认为，利他主义是自私基因理论中的一个障碍。自私基因理论无法解释人们对陌生人的利他主义，以及英雄的利他主义，例如二战时期，在被德军占领的欧洲国家，基督徒让犹太人藏在自家阁楼上以躲避逮捕。在塞利格曼看来，达尔文的"种群选择"①是解释利他的真正答案。"爱、感激、敬仰和宽恕等合作性的蜂巢情感，使该种群拥有了生存优势。一个合作的种群比不合作的种群更容易击败庞然大物。"

心理学家阿德勒指出，人类最伟大的共同点是，人们对价值的评判最终建立在相互帮助和相互合作的基础上，因此，人们对于行为和目标的要求，都应该有助于人类的合作。[29]阿德勒认为，只有当人们把自身的价值与社会价值联系在一起时，人们才有可

---

① 达尔文的进化论最初认为自然选择的单元是个体，而利他行为明显与自然选择相矛盾。为了解释利他现象，达尔文扩展了他的自然选择概念，认为自然选择不仅可以作用于个体，还可以作用于群体，即利他行为可能通过群体间的选择过程而进化。

能超越自卑对人类的负面影响。换言之，人们需要通过与他人的合作、关爱他人、为超越自我所存在的更大的社会群体解决问题，才能得以实现和增长自身的价值。最新的研究也同样表明，试图让别人快乐比试图让自己快乐更能让我们快乐。这是因为帮助别人的过程强化了我们与他人之间的连接需求，从而增强自身的幸福感，即使我们帮助的是陌生人，这样的效应同样存在。[30]

在第 5 章中，我提到冥想就是训练我们将无意识意识化的过程。利他的行为则是把有意识无意识化的过程。一开始我们的利他总是有理性的驱动力，比如要求回报、愉悦自己等。但随着善行的积累，利他就会逐渐成为一种行为习惯和思维模式。利他的境界应该是既无社会性也无政治性的，而且是一种自然流露，就像真爱是不需要理由和目的的，亦如佛教说的"不住相布施"，做好事的动机不应执着于"福报"。利他不是提升韧性和获得幸福的手段，而是目的本身。亚里士多德在其代表作《尼各马可伦理学》中，以全书近 1/5 的篇幅详尽地论述了友爱。与友谊一样，友爱指的是任何共同体之间的互相关爱和连接。其核心思想是人们是在帮助他人的过程中成就自我的，这种真正意义上的爱和融合是我们要寻找的快乐，被称为奉献的快乐。正如稻盛和夫所说："自利则生，利他则久。"

韧性认知

- 在个人层面，能够拥有相互扶持、相互信任的关系，并在此基础上拥有可以获得广泛支持的社会网络，对于韧性的打造和提升极为重要。
- 一个人是否自私、能否换位思考去帮助他人达成对方的利益，对于信任的影响最大。
- 在与他人之间加强亲密性以建立信任的过程中，我们要逐渐放下对自我的执着，给予他人更多个性化的关注、肯定和赞美。
- 利他是情感和理智的结合，设身处地地从他人的需求出发，可以帮助我们跳出自身的"已知障"，认知的迭代也会在生活的其他方面给我们新的洞察和启发。

韧性练习

1. 填写表 8-2，尝试反思一下：在工作和生活的不同情境中，是哪些因素帮助你和他人建立了良好的信任关系，又是哪些因素导致了你和他人信任的折损？该如何补救？未来当你希望和别人建立信任关系时，你会选择从哪个方面入手？

表 8-2　信任情境分析

获得信任的情境	信任分数的分析	如何继续强化
工作情境1：	胜任力 ___ 分 可靠性 ___ 分 亲密度 ___ 分 = ___ 总分 自私度 ___ 分	
生活情境2：	胜任力 ___ 分 可靠性 ___ 分 亲密度 ___ 分 = ___ 总分 自私度 ___ 分	

失去信任的情境	信任分数的分析	如何补救
工作情境1：	胜任力 ___ 分 可靠性 ___ 分 亲密度 ___ 分 = ___ 总分 自私度 ___ 分	
生活情境2：	胜任力 ___ 分 可靠性 ___ 分 亲密度 ___ 分 = ___ 总分 自私度 ___ 分	

*通过以上分析，未来在建立信任的关系时，我应该注意：

1.
2.
3.

2. 在工作和生活情境中尝试积极主动的回应方式，比如：
   - 当空姐来询问你订餐意向时，有意识地放下手中的手机，注视空姐并礼貌地回答。
   - 当你的下属汇报工作时，在情况不紧急的前提下，多留给他们几分钟去表达，让他们把话说完，并给予他们真诚的回应、肯定或反馈。
   - 当你的孩子拿着考了 100 分的卷子兴奋地跑向你分享这个快乐时刻时，记得不要说类似于"别骄傲，继续努力"或者"你们班一共几个 100 分"这样的话，真诚地和孩子一起享受这个快乐时刻，并给孩子一个拥抱和一句肯定。

3. 在和他人进行交谈时，尝试努力倾听。你能否真正听到对方所表达的内容背后希望你注意到的情感需求？尝试在交谈过程中收起你的手机。埃塞克斯大学的研究发现，即便你不去看它，仅仅是放在桌面上的手机就足以给人们的谈话带来消极的影响。

4. 去参与一次公益活动，和受助人深度交谈半小时以上，了解对方真正的需求。尝试记录自己的感恩清单（见表8-3），不要忘记先"问问对方的需求"，提供他人需要的帮助才是利他的根本。

表 8-3 感恩清单

最值得感激的人	对方的需求	我的行动	完成情况
1			👍
2			👍
3			👍
4			👍
5			👍
6			👍
7			👍
8			👍
9			👍
10			👍

第9章 韧性：从个人到组织[1]

在我的心理韧性课程中，内容主要聚焦于自我认知与个体韧性的提升。参与课程的学员们多是企业的一把手和高管，他们很希望把韧性学习的心得体会带到自己的团队和企业中，实现从个人韧性到组织韧性的传导。因此，在课堂之外，我和团队密切关注心理韧性在组织层面的最新研究和趋势。我们发现，随着新冠肺炎疫情、全球性气候变化、政治经济事件等一系列事件的暴发，"韧性"概念跳出了心理学的范畴，在社会经济领域特别是组织变革层面成为快速升温的概念和议题。2021年3月，国际权威研究机构高德纳发布预测称：2025年前全球70%的CEO将建立"韧性文化"，以应对新冠肺炎疫情、网络犯罪、恶劣天气、内乱和政治动荡的威胁。报告指出：90%的全球商业领袖认为，组织韧性将是未来商业中的首要思考内容；80%的企业家认为，有韧性的组织才能基业长青、蓬勃发展。国内企业界也有同样的呼声，华为轮值董事长徐直军在 2021 年 9 月的一次发言中说道："面对日趋复杂的全球营商环境，'韧性优先'成为企业的重要发展战略。"组织韧性的重要性已成为全球商界的共识，也是企业进化的新趋势。

组织韧性的核心

相较于个人韧性，组织韧性的研究还处于初步阶段。本书的韧性飞轮模型聚焦于个人层面。个人是社会的最小单元，而个人韧性是组织韧性、经济韧性和社会韧性的构成基础。和个人韧性相比，组织韧性的定义更为宏观，根据英国标准协会所发布的《组织韧性报告》，组织韧性是指一个组织为了生存和持续发展乃至繁荣而不断预测、准备、应对和适应日益加剧的变化和突发破坏性干扰的能力。组织韧性持续改进的模型包括 6 个重要部分，首先是三个核心要素：产品和服务的卓越性、工艺和流程的可靠性、人才和行为的可塑性。企业需要注重产品和服务的卓越性，因为这是能为企业持续带来收入的根本，在此基础上，依靠一定的规章制度和流程管理才能保障企业的稳定运行。在三个核心要素的基础上，组织韧性商业模型还包括三个核心功能领域。一是运营的韧性，包括产品、工艺流程和企业自身管理等方面的迭代升级。二是供应链的韧性。2021 年发布的《全球组织韧性研究》中提到，受新冠肺炎疫情影响，全球 88% 的企业或多或少经历过供应链中断的危机,这将是未来企业面对不确定性时打造组织韧性很关键的元素。三是信息韧性,包括实体信息、知识产权信息和电子信息的安全管理等。英国标准协会将组织韧性进一步分解为 4 个维度中的 16 个衡量因素,包括领导力维度(愿景、使命、价值观,战略与目标,财务管理,资源管理,声誉风险管理)、人的维度(认知与能力培养、文化认同、信息一致性、企业责任与社会责任)、流程维度(治理和责任、信息和知识管理、供应链管理、业务可持续性)和产品维度(市场扫描——变化与机遇、适应能力、创新)。[2]

在本书前面的 8 章中,我们从个人的韧性飞轮出发,经历了自我觉察,步步深入地去认知自己的认知,深入探索内心秩序的形成机制;而后,我们面向外部世界,去挖掘生活的意义和热爱的目标;最后,我们通过与他人的连接,在关系中自利并利他,实现韧性的传导。从个体韧性到组织韧性的传导是个复杂的体系,在本章中,我们聚焦于组织韧性三个要素中人才和行为的可塑性这个维度,把组织看作一个由个人的飞轮组合而成的大飞轮,在明确组织韧性概念的基础上,建立组织韧性的分析框架,从组织韧性打造的角度,对人才挑战的主要问题进行梳理,并提出改善的建议,为组织韧性的提升提供可参考的认知框架。人是企业最重要的资源,以人为本去提升组织能力,并营造文化和价值观,是企业行稳致远的关键因素。

过去的两年中,我带领长江商学院领导力与行为心理研究中心团队,专注于中国企业和企业家的韧性研究。在个体层面,我们关注在不确定性冲击影响下中国企业家的心理健康状态变化；在组织层面，我们探究在不断变革的外部环境下，企业面临哪些共通的人才挑战以及如何有效应对。在研究中，企业经常被看作一个生命体。美国著名管理学家伊查克·爱迪思用20余年研究了企业的整个发展周期，提出了和人的生命周期相对应的企业生命周期理论。[3]在我们的组织韧性分析框架中，我们把研究的企业看成一个整体，但同时，企业也是一个包含复杂内部关系和互动的组织。从员工的角度看企业，企业又变成了客体，组织的管理者要应对和处理员工和企业之间的关系。因此，组织的韧性并不是个体成员韧性的简单叠加，而是个体通过深层连接以整合的能力，组织韧性就是组织的底层能力。

为了梳理和中国企业的实践更为相关和有效的组织韧性框架，我和研究团队对过往的大量研究文献进行了分析回顾，结合个人韧性的模型和企业调研的发现，提出了"共识""共事""共情"的三阶段框架。"共识"，包括人与人之间、团队与团队之间，以及职级与职能团队之间的多维认知，达成"共识"的关键是沟通机制；"共事"是组织的连贯性目标，以及为达成目标而建立的业务模式、流程、机制和方法，"共事"的关键是激励机制；"共情"则是价值观层面的一致性，也是员工和企业之间深度的连接，包括创新容错机制和专业主义的传承，"共情"的关键是信任机制。

打造人才韧性的五大痛点

根据个体韧性到组织韧性（人才维度）的模型，我带领研究团队对过去两年深度调研的 14 家企业进行了分析，这些企业所在行业包括建筑业、人力资源行业、医疗健康行业、农贸业和互联网行业等，企业成立年限跨度从 9 年到 26 年不等。从生命周期的角度来看，很多被访企业虽然经营业绩表现达到了盛年期的水平，但其组织的发展阶段依然处于青春期，面临着很多"青春期烦恼"，包括企业目标不够清晰、战略迷失、一把手管理风格频繁调整、由扩张带来的授权问题、新老融合等问题。在这样一群"早熟"的青春期企业中，我们梳理出了组织韧性、人才方面的五大共性问题，分别可以从共识、共事和共情的角度进行分析并给出改善建议。

一是战略同频。高管对于企业所制定的战略背后的原理、战略存在的原因，以及战略将会引导企业走向哪里略知一二，并不深究，导致的结果就是在战略向下传导的时候出现衰减。从共识的角度来看，会出现一把手与高管团队沟通不充分，甚至认为可以没有战略，"我们农民洗脚上田不用想那么远"，"西瓜皮滑哪儿算哪儿"（引言来自企业调研访谈口述原文，下同）；从共事的角度来看，战略分解与打法之间的连接普遍欠缺，很多高管表示，战略都在一把手的脑子里，很多事情老板拍脑袋安排下去之后，往往"雷声大，雨点小"；从共情的角度来看，战略制定更多地聚焦于短期的业绩目标，缺乏与业务战略相匹配的人才战略，很多一把手都对高管的能力和潜力不满意，觉得他们只是在执行，但高管的反馈是"我们一说出自己的想法就会被打断"，觉得老板并不相信他们的判断，也没有认真听取他们的意见。

二是人才引入。70%以上的受访企业在过去十几年间都想过采用空降兵的方法，虽然也有个别企业找到了非常优秀的空降高管，但整体来说空降高管的"存活率"都较低。共识层面，企业一把手对空降高管的能力认知往往会因为期望值过高、"大厂"光环而有所偏差；共事层面，空降高管会遭遇体系打法不兼容的问题，一些从互联网大厂引入空降高管的企业认为，大厂的打法并不适合，哪怕是通用的人力资源等职能岗位，也会有"隔行如隔山"的差异；共情层面，高管从空降兵转为子弟兵需要长期的投入与磨合，导致短期内难以交心，有的一把手甚至认为"空降高管主要发挥'鲶鱼效应'，用一用就行了，让高管知道人外有人"。

三是高潜打造。团队中的老员工们拥有极高的忠诚度和对企业的认同度，但同时他们在认知和能力方面的发展也遭遇较为明显的瓶颈。共识层面，一把手认为原有核心团队的能力跟不上企业发展的脚步，和老团队"谈不了未来"，对他们的历练可能是在"拔苗助长"；共事层面，很多企业的原有业务缺乏高潜人才的培养机制，同时上级因为担心下级能力水平不足而难以真正授权，新人无法脱颖而出，而新业务团队的激励机制仍待探索，一些企业在尝试合伙制，但实际推行过程中在出资和占股比例上僵持不下；共情层面，一把手普遍对HR的人才培养计划不满意，自己担当高管教练的角色。同时，高潜被"挖角"和"出走"的风险仍然存在。

四是梯队建设。企业在人才选用与预留方面的机制亟待完善，大部分核心知识与实践经验都掌握在老员工手中，如果不能得到很好的萃取与传承，一旦核心员工离开企业，企业的核心知识特别是实践中总结出的"隐性知识"就会出现明显的断档现象。共识角度，员工普遍认为企业的核心竞争力是一把手，人才短缺但又缺乏自主培养体系是普遍现象；共事角度，基层的流失率居高不下，老员工成为中流砥柱，知识经验的萃取手段缺失；共情角度，由于师父担心徒弟自立门户而在传授时束手束脚，师徒制在许多企业遭遇了滑铁卢。

五是企业文化。多数企业文化打上老板的烙印，利弊共存。多数一把手能够意识到需要提升文化的包容性和激励作用，为未来扩张做准备。共识角度，多数企业的使命、愿景、价值观仍停留在纸上，或者排序靠后，重要不紧迫，但长期缺位会产生影响，一把手普遍意识到软性激励的重要性；共事角度，文化会影响团队的效能，良好的企业文化能够让员工有更好的工作状态和表现，反之亦然；共情角度，多数一把手能够给予员工在工作之外的支持与关怀，同时一把手也在"精神领袖化"，"人人都在复制老板的举手投足"，更有不少受访者把企业文化概括成"老板文化"。

针对以上五大共性挑战，我们从共识、共事、共情三个角度给出改善建议，详见表9-1。

表 9-1 组织韧性共性问题改善建议总结表

组织韧性提升框架 （人才维度）	共识 （沟通）	共事 （激励）	共情 （信任）
	多维认知 人与人之间的认知 各职级、职能团队之间的认知 组织对自身的认知 心理、行为、能力、价值	**连贯目标** 个人职业发展目标 职能、业务团队目标 组织顶层目标 业务模式、流程、机制、方法	**热爱共振** 核心竞争力进化 创新容错机制 专业主义传承 有意义感的文化
战略同频：驱动"上下同欲"	在核心层建立定期深入的沟通机制	战略制定和执行方案有机结合	战略制定涵盖对人才团队的长期激励
人才引入：解码"空降难题"	与空降人才进行全面的沟通和认知	厘清内部管理现状和空降高管的适配性，清晰界定权责边界	避免价值观判断偏差，通过多种途径，增进新老融合
高潜打造：助推"第二曲线"	将高潜人才的发掘和培养列为一把手和 HR 的优先议程	处理好授权和督导的关系，新老业务团队建立防火墙	为高潜人才做好时间、精力和情感（信任）投入的充分准备
梯队建设：升级"选用育留"	人才储备成为所有层级管理的任务	知识经验持续萃取，建立高效的内部学习系统	多种形式激励老带新传承，关注全体员工特别是 Z 世代的职业发展
企业文化：蓄力"韧性之源"	系统进行根植于企业发展史的组织文化梳理	将企业文化转换成日常行为原则和考核维度	让各级员工都有经营者意识，激发心理共鸣的员工关怀和公益活动

韧性

组织韧性的打造

自新冠肺炎疫情暴发以来，企业都在采取行动应对产品和流程上受到的冲击。麦肯锡 2021 年年初发布的企业调研结果显示，为应对新冠肺炎疫情的冲击，企业主要在成本结构、客户体验、新产品研发和新商业模式上发力。那些成功度过危机的企业，相较于那些未能有效应对危机的企业，前者进行商业模式创新的可能性是后者的 1.5 倍。企业探索新商业模式主要聚焦在 5 个方面：打造适应用户新行为、新需求的数字化体验、产品和服务，建立行业内外新的伙伴关系，调整供应链和运营模式以管控风险，变革销售模式，以快速迭代加快产品研发。

在组织和人才层面，通过企业调研我们发现，那些能够经受住不确定性破坏的企业家，大多把企业的韧性归因于"非实体资产"——包括员工、客户、品牌和组织能力。这也印证了全球范围的一项主流预测——ESG（环境、社会和公司治理）在 2021 年迎来爆发。在危机中，很多企业需要重新审视自身的初心和价值主张。我们正在进行的新生代员工职场状态和雇主选择的调研也发现，越来越多的新一代年轻员工，特别是 95 后们，更多地偏向于在符合自身价值取向和发展规划的企业中工作，对于那些能够清晰规划职业发展路径和前景的企业，他们甚至可以接受一定程度的薪资损失，"共识"的重要性可见一斑。

与此同时，科技与全球大变局的快速迭代使得工作模式更加灵活，远程办公和弹性工作时间成了可选项，但同时也是"双刃剑"：灵活模式可以提高员工的自主性和满意度，但在远程办公模式下，员工的敬业度、沟通和运营的效率、团队的绩效可能受到不利影响。叠加企业数字化的变革趋势，在多种灵活的工作模式下的高效"共事"，是企业要面临的常规考验。受访的多位企业家学员表示，在复杂多变的环境中，管理层的快速决策需要多元化的视角，其中年轻人才的洞见非常重要。在危机中既能集思广益、快速应变，又能在做出决策后上下同欲、团结一心，这样的"共情"是高韧性组织的特质之一。从"共识"到"共事"，再到"共情"，打造组织韧性是日积月累的"内功"，通过梳理有关组织韧性的过往的研究和企业家的经验，在个体韧性到组织韧性的传导过程中，企业可以从如下角度进行思考。

第一，高韧性领导者特别是一把手应该成为韧性文化的打造者。组织韧性不等于个体韧性的加总，组织韧性也不完全取决于高韧性的领导者和员工，但在人才层面，应发挥高韧性个人在组织中的传导和引领作用。企业的管理者应定期、持续、准确地和员工就工作前景进行沟通，倾听员工对企业决策的反馈，尽量提供"确定感"以缓解团队压力。

第二，企业需要进行初心回顾并明确价值主张，在全员范围内进行深入沟通。为应对危机，企业在战略层面应"志存高远"，以更快的变革行动和更高的业绩目标推动转型和升级，进一步明确自身对于客户、行业和其他利益相关方的核心价值所在。企业的价值主张不能只停留在字面上，一定要和员工的职业发展有机契合，实现双赢。

第三，组织韧性不是取舍，而是在不同目标之间的权衡。高韧性企业能够在（也需要在）多个二元目标（预防、行动、优化、创新）之间进行灵活的调整和平衡，而不是简单地进行取舍。企业的战略应是不同策略的组合，并根据外部环境的变化快速进行回顾和调整。

第四，决策层需要有多元化视角，重视年轻人才的想法和诉求。在瞬息万变的环境中，经验和惯性可能成为桎梏，新生代员工的洞察可以帮助决策层打开思维。战略制定可以更加"情境化"，在各种极端情境下推演"压力测试"，尽可能涵盖不同层级、不同职能员工的视角。

第五，韧性的打造永远在进行时，需要长期战略定力。高韧性不是终点，而是一种持续存在的状态。一个有韧性的组织不是单指企业能够度过危机、恢复正常，而是企业能够随着环境的变化而转型，将新的态度、信念、敏捷性和变化的组织架构不断植入企业的DNA，从而推动组织快速迭代和发展。

"共识""共事""共情"三个阶段，对应了沟通、激励和信任三大机制，从领导力的角度来看，要想打造高韧性组织，需要在三个"法"上面发力——"说法"（对应共识）、"干法"（对应共事）和"心法"（对应共情）。我把领导力看作从洞见自我到激励他人的过程，从这个意义上说，人人都可以成为领导者，通过自身的韧性修炼去影响自己身边的人。作为企业的领导者、团队的负责人，韧性修炼的不止于个人，还要成就组织。在本章中，我们从组织韧性的框架出发，梳理了企业调研中发现的五大问题，我们希望不仅仅是呈现问题，还能更清晰地定位问题，让改善建议更具针对性，跳出头疼医头、脚疼医脚的局部短视，建立正向的系统性思维，持续推动组织向着更高韧性进化。今后我们将持续追踪、比较不同行业、不同规模企业在经历疫情前后的组织变化，深度挖掘生动丰富的企业案例，萃取可借鉴的共性经验，助力组织和个人的韧性成长，共同穿越危机，实现基业长青。

韧性认知

- ▶ 组织韧性不是目标取舍，而是多维权衡。
- ▶ 组织韧性不是变革终点，而是持续精进。
- ▶ 组织韧性不是机械反弹，而是灵活迭代。

韧性练习

1. 在你的企业中，你认为本章总结的五大问题中最突出的是哪一点，（假设）你作为领导者有怎样的改善建议？（扫描下方二维码，如果愿意的话，我们希望倾听你的想法。）

图 9-1　企业测评二维码

第 10 章　写在最后：
"觉察—意义—连接"的统合

　　世界卫生组织于 2020 年指出："建立复原力是保护和促进健康和福祉的关键因素。"韧性的打造，归根结底是要还原人的完整性。就像治愈的英文单词"heal"本意代表的是"使完整"一样，无论是觉察（自我与自我）、意义（自我与世界）还是连接（自我与他人），其目的都是将自我的内核与外部合二为一，感受自身的完整性。

　　这种自我改变和统合注定是一条"少有人走的路"，因为我们大多数人很容易陷入思维牢笼：人既是自身认知的囚徒，又是自己的狱卒，就像牢笼里的囚犯，不停地摇晃着牢笼的栏杆，想要出去享受外面的阳光和美景，但其实这个牢笼两边是没有栏杆的，门户大开，他只需要往左或往右转身一走，就可以出去了。但他还是相信自己被囚禁了，疯狂地摇着眼前的栏杆。由此反观自身，我们很多人都经历过这样的囚禁错觉，觉得自己被困住了，不管是情绪还是认知，都无法摆脱。但事实上，出口就在那里，关键在于我们是否愿意去发现、去看见。现实中确实有很多枷锁，但更多的时候我们是在画地自限，不相信自己拥有一样珍宝——自由。

其实，自由就在我们的内心深处，但我们往往视而不见，就像我们看不到"牢笼"的出口一样。史蒂芬·柯维曾分享道，他人生中最大的发现就是在每一个外部因素与我们采取的行动之间，都存在着一个空间，这个空间就是选择。[1]而我认为这个空间应该是有意识的自主选择，包括持续学习和行动改变两个方面。

学习是指个体和组织主动而持续地通过适应环境、改变环境甚至创造环境来改变自身行为的过程。《论语》中讲道，"古之学者为己，今之学者为人"。实际上，我们需要把持续学习变成自己的内在需求，而不是为了迎合需要、迎合他人。人们总会有各种各样的向往，比如对预见未来的向往、对解决问题的向往、对缓解焦虑的向往、对确定性的向往、对更快更好的向往，唯有持续的学习可以帮助我们在不断的变化和打击中迅速满血复活。成年人总是容易陷入达克效应，自负而错误地认为，只要我们了解了某件事，就代表我们已经学会了这件事。然而事实并非如此，人们的大脑和行为的改变只有在我们不断地练习学到的技能时才会发生。[2]因此我们还需要在学习和改变之间启动行为。提升心理韧性没有立竿见影的灵丹妙药，而是要靠个人坚持不懈的努力实践和阶梯式的行为改变。

行动改变不应采取自我逼迫式。我们在第 6 章中已经了解到，意义源自热爱。没有热爱的盲目坚持是很多人在习惯养成中痛苦挣扎，最终半途而废的重要原因。万事开头难。在心理层面，每一个行动的开始都是最消耗心理资本的。恰如飞机的起飞，据估算，中型飞机在起飞和上升的 20 分钟过程中需要消耗掉 1 吨燃油，而在高空中平稳飞行时阻力变小，耗油量也会显著减少。[3] 过去所有的习惯和惯性就像是飞机起飞阶段需要克服的空气阻力，而在这个关键性的起飞阶段，最佳应对方式就是直接去做、去调动自己的兴奋感。

德国精神病学家埃米尔·克雷珀林把这种立刻开始行动的概念称作"行动兴奋"。[4] 简言之，这是一种一旦开始行动，状态就会渐入佳境，注意力也能集中的状态。这种让人兴奋的"干劲"来自脑部的伏隔核。伏隔核的唤醒需要一定的时间，且必须给予它一定程度的刺激。只要你开始行动，就能够刺激伏隔核。开始时可能进度较慢，但人们会越做越熟练，逐渐沉浸其中，甚至进入"心流"的状态。

是否经常采取行动也是高自尊者和低自尊者的重要分水岭。[5] 人的自尊水平是和心理状态强相关的变量。自尊水平是社会化的产物，而社会化包含个人的行动和人际互动，是一个循环的过程。稳定的低自尊者会长期处于消极心态，不去尝试努力摆脱困境，从而导致他们患抑郁症的风险加大。而低自尊型的抑郁症患者大多表现为自尊低下，容易陷入极度消极的心态，经受持续而强烈的悲伤。低自尊者在很少的行动中一旦失败，就会归因于自身，加剧自我贬低；高自尊者则经常采取行动，失败后不陷入悲观的解释风格，不论成败，自尊都会保持或进一步提升。

由此，我们可以看出，行动力同样也是高韧性和低韧性的区别因素。在同等程度的挫折面前，高韧性者恢复得更快，因为他们不断总结、上路、继续行动，试错的周期缩短，频度增高，成功的概率大大提升，人生经验益发丰富。在对比世界网球顶尖选手和普通选手在比赛中的心率模式后，研究者发现，顶尖选手可以利用短暂的走动在回到发球点时迅速恢复正常心率，普通选手却无法在短时间内将因上一个回合激烈的比赛而造成的过快心率带回到平稳区间。恢复心率的时间是区分顶尖选手和普通选手的一个重要指标。同理，在仔细把控的基础上，能否冷静、迅速地从挫折中恢复过来也是衡量一个团队是否拥有高韧性适应力的关键要素。[6]

新的思维模式、习惯的养成，需要在大脑中产生新的路径，这条路径需要不断加固，才能覆盖原有的路径，变成默认模式运行的潜意识。这种将新的思维模式变成习惯和"本能反应"的过程对个人和组织应对危机至关重要。全球顶尖组织心理学家卡尔·维克教授分析认为："充分的证据显示，当人们处于压力之下时，往往会转而采用最习惯的应对方式，生死攸关之际，人们最不可能发挥的就是创造力。因此，虽然规章和制度让某些公司看上去显得有些制式，实际上，却能让企业在真正的混乱中拥有最强的复原力。"

对个人而言，同样也是如此。当我们遇到突发情况和危机时，人的生存本能会在顷刻之间控制住我们的大脑，从而快速挟持住我们的情绪和行为。此时，人们通常会以自动化的方式做出反应（比如战斗模式、逃跑模式、僵持模式），使我们在面对威胁时失去冷静。人生中会面临很多关键考验的时刻，每个人在巨大的压力下的第一反应，一定是长期积累强化的习惯。只有当人们能够觉察并意识到自己正处于什么状态的时候，才有可能选择正确的方法将自己带回到平衡点。

因此，我们需要不断练习本书中所讲到的各种方法。每个工具都有其特点。虽然这些工具已经在大量不同群体身上得到过验证，但这并不代表每个工具在你身上都会发挥同等的效用。就像能够在市面上流通的药品一样，得了同样感冒的，对于同样药品的敏感度会有很大的差别。因此，学习的本质是理解每个工具和方法背后的原理，然后变通地将不同工具中适合你自己的部分进行拆分和再组合，为自己量身定做韧性工具包。

在为自己打造韧性工具包的初始阶段，有几个小的建议你不妨考虑。第一，任何新习惯的养成和新行为的改变都应该始于简单。工具是否简单因人而异，找出那个你认为对你自己最简单的方法，然后集中精力反复尝试。刚开始的时候，不用着急进阶、加大难度，仅仅最简单的重复就足以让我们产生行动兴奋。一个非常有趣的案例足以说明重复的魔力。美国一所大学的教授将他学习摄影的学生随机分成两组，采用不同的标准衡量整个学期的成绩。其中，被随机分到"数量"组的学生得知，他们学期末的成绩与提交的摄影作品数量成正比，数量越多，分数越高；被分到"质量"组的学生被要求在学期末提交一张他们自认为最完美的照片。经过一个学期的学习，在期末提交的多张作品中，教授发现优秀的作品基本都是来自"数量"组的。

实际上，数量和质量之间有着密不可分的关系。对1.5万部古典音乐作品的研究揭示出，一位作曲家在任意5年之内所创作的作品越多，他写出经典作品的概率就越大。[7] 著名的伦敦爱乐乐团选出了影响人类的最伟大的50部古典音乐作品，其中包含6部莫扎特的作品、5部贝多芬的作品和3部巴赫的作品。这些耳熟能详的音乐大师都创作了大量作品。在他们的一生中，莫扎特创作了超过600部作品，贝多芬创作了650多部作品，而巴赫写了1 000多首曲子。因此，在刚开始学习一项技能或者改变一种行为时，不要忽视简单的"量"的巨大作用。但与此同时，一旦习惯开始形成，我们就要给自己设立延展性小目标，也就是在保证量的基础上，不断加大难度，持续进步。后续持续性进阶式的小赢和不断上升的挑战才能保持我们的行动兴奋度。

第二，在明确了自己打算先尝试哪种行为改变后，最重要的是让自己的大脑像"傻瓜相机"一样直接进入执行模式。你只需要给自己制订一个非常简单的计划，明确"时间+地点+具体行为"，也就是你将在何时何地做什么。写下它，记住它，实践它。任何需要让我们的大脑耗能的思考都有可能成为人们采取行动的障碍。因此，不要等到准备做的时候再想我今天什么时候尝试，做哪个，做多久，在哪儿合适。这样的思维链条越长，结果就越有可能是"要不然算了，明天再说吧"。明确起始点可以帮助我们降低两次决定的风险，释放出更多的精神空间去聚焦更为重要的事情。

第三点是在第 5 章强调过的，为自己设立行动承诺。任何你尝试的改变都很快就会失去"新鲜感"，作为天性喜新厌旧的物种，在意识中植入承诺能够最大限度地帮助我们聚焦。因为行动承诺会帮助我们避免把时间浪费在无用的思想斗争上，从而不会轻易被变幻莫测的感觉"带跑偏了"。当然，行动承诺并不意味着你每天必须完成一个小时的某种计划。任何时候都要记住，灵活变通是帮助我们达成持续小赢的关键。

一个非常好用的辅助手段就是为自己希望改变的行为创造一个浓缩版本，无论 5 分钟还是 10 分钟，只要能够做完它，都对持续性有所助益。你可以选择今天不再做 20 分钟冥想，而只做 3 分钟的专注训练；你可以选择今天不记录三个幸福时刻，写下一个幸福时刻也很有意义。不要小瞧这 5 分钟，所谓持续小赢，其关键在于"持续"和"小"。当然，需要提醒大家，浓缩版本就像复活卡，可以成为你今天的"理由"，但浓缩版本不建议三次连续进行。要知道，任何连续三次的行动就启动了一个新习惯的养成。这表明，今天偷懒一次完全没问题，偷懒两次也情有可原，但连续偷懒三次就变成了你启动大脑中养成"偷懒习惯"的按钮。承诺是有目的的毅力，为了获得最大限度的心理自由空间，每天留出一定时间去完成提升韧性的练习是完全可以达成的。禁锢我们的不是外界，而恰恰是我们自己的意识，是我们本身。

纳粹集中营的幸存者弗兰克尔认为，一个真正积极主动的人是不会轻易放弃自己的选择权的。这种有意识的自主选择也是我们成为积极主动的人的起点。韧性不是一种天赋或者基因，而是我们一生中可以持续进行的自我塑造。在认识到选择的自由时，我们还需要防范另一种由选择造成的困境——"布里丹之驴"。这是以14世纪法国哲学家布里丹的姓氏命名的一个悖论。试想一头毛驴站在两堆数量、质量和与它的距离完全相等的干草之间。它虽然享有充分的选择自由，但由于两堆干草完全相等，对于到底先吃哪边，它无法进行理性的决策，最后被活活饿死了。

当然，这种情况在现实中并不会发生，但这个思想实验告诉人们在决策过程中过度追求确定性，反而会错失时机。很多人在选择行为改变的时候，容易陷入这种犹豫不决、瞻前顾后的状态。以运动为例，我们面对多种运动类型，每一个门类深挖下去都有很多信息和知识，如果以绝对确定作为出发点，我们会陷入信息的汪洋中无所适从。这种情况比布里丹之驴更加糟糕，我们相当于面对着很多堆干草盲盒，饿死在掌握信息的路上。要想中止彷徨，需要一个助推力。在本书介绍的所有韧性工具中，你无须纠结于先用哪个，再用哪个。工具包犹如一根环环相扣的链条，无论你解开其中哪一环，链条的其他部分会自己慢慢打开，这终将是一个持续小赢的过程。

- **水滴1：打开行动盲盒**

每周在不影响其他人的前提下，选择做一件"任性"的事让自己获得满满的掌控感，比如吃一顿自己喜欢但和别人一起时没法儿点的美食、开车去郊外一个鲜为人知的旅游景点。每周尝试一件自己曾经想过但还没有试过的新鲜事（绘画、摄影、园艺、烹饪、木工……），慢慢去尝试一些自己连想都没有想过的事（给自己录首歌、写一首小诗、穿一件从来没有试过的颜色的衣服出门），看看你是什么感受，记录下来。这些创作性的活动也许不会为你带来金钱和名誉，但它们会给你带来快乐。

- 水滴2：跳出思维牢笼

去发现我们以为的"常识"的真相，视情况和同事、家人、朋友分享，比如：罗马在北京的南面还是北面？离心力存在吗？太空中能看到万里长城吗？每天午餐时间问问熟悉的同事或下属最近在看什么书，交流启发与收获。

- 水滴3：享受现时此刻

每天给自己留出不被打扰的几分钟，尝试冥想，并不断把"现时此刻"的正念思维带入自己的生活；工作时尝试专注地完成一项事务后，再切换到另一项事务。

- 水滴4：尝试数字排毒

每周留出一个上午为自己进行"数字排毒"，关闭所有电子产品，到自然中去。如果可能，和同事、下属到户外散步或吃工作餐，尽量不谈论短期的工作事务。

- 水滴5：开启运动宝盒

养成规律的运动习惯，你不必大汗淋漓，韵律运动同样有益。放一对哑铃在你的办公桌上、尝试去跳跳广场舞，或者跟着小视频学一段尊巴舞，你会有意想不到的收获。

- 水滴6：抓住生活瞬间

在手机相册里建立一个专门的文件夹，随时随地留下那些微小的美好瞬间画面。你可以尝试每月在朋友圈分享一次，也可以尝试与你在乎的家人和朋友经常分享，每个月末，都记得为自己在这个月中取得的任何变化、进展小小地庆祝一下。

- 水滴7：绘制意义树

尝试画出自己的意义树，看看树上都是什么果实。每三个月回来关怀一下你的意义树。可能的话，与爱人、挚友和可信赖的导师交换对各自意义树的感想。

- 水滴8：践行感恩利他

把焦点从仅仅关注自己扩大到关注自己以外的世界。每周有意识地做一件帮助别人的小事，如果有可能，尽量先充分了解对方的需要；对于帮助过你的人，尝试去正面表达你的感激之情。"让世界变得更好"的价值观和意义感更能让你体验到自身的价值。

- 水滴9：强化积极回应

感觉孤独的时候，去拥抱孩子、爱人或者亲密的朋友，跟他们说："有你真好！"同时，当他们有任何表达时，别忘了去积极主动地回应，告诉自己不再忽视他人的细小感受。

- 水滴10：重启关系连接

弄清楚公司保安或保洁人员的姓名，下次亲切地用带姓氏的称呼表示感谢；尝试和很久没见面的朋友联络，哪怕只是发一句问候或者一个段子给他，试着这样开头："我想起了我们在……

一起的时光，很怀念。"

读到这里的你，是否已经跃跃欲试、愿意做出积极的尝试去改变自我？在你行动兴奋之前，请先翻回到本书第 1 章的第 24 页，回顾一下你在阅读本书最开始时写下的答案，然后重新思考，再次回答这些问题。所谓知行合一，"知是行之始，行是知之成"。王阳明在《传习录》中说道："知之真切笃实处，即是行；行之明觉精察处，即是知。"知与行的过程相伴始终。现在，请启动你的韧性飞轮，去开启自己的精进之旅吧。为你点赞！

滴水之功，终能穿石（见图 10-1）。

图 10-1 滴水穿石

致谢

作为"公然致你的私语",首先我要感谢你的坚持和陪伴,不管你是读完全书还是翻看到这里,尽管素未谋面,我仍能想象你我在文字世界里,一起走过了一场不可思议的旅程。

对我而言,这本书本身就源自"韧性"。2020年年初新冠肺炎疫情暴发,长江商学院所有的线下课程都处于停滞状态,转战线上成为不得已的选择。同事王丹娜和窦春欣找到我,希望讨论如何能够做一门帮助企业家学员心理复原的线上课。这无疑是倒逼自己"破圈",由此,我以全新的视角和思路,迭代了原有课程近乎70%的内容。两年多以来,这门课程吸引了3 000余位企业家的参与,在此感谢所有学员的聆听、分享和真诚的反馈。同样,我也欢迎学员继续就此书的内容和我交流、探讨。

我带领研究团队在书中原创了大量的工具和方法,并经过了十几轮的反复验证、打磨。感谢所有深度参与过调研和工具研发的CEO项目的企业家学员，在此恕不能一一列举姓名和所在企业。感谢我在长江商学院共事的小伙伴，他们从不同维度对工具研法提出了宝贵的改进意见。

感谢中信出版社的陈晖女士对于本书框架逻辑的启发。她和团队排除万难，推动了本书更快、更好地呈现在你的面前。她本人的激情和严谨，我想就是"做喜欢并擅长的事"的生动范例。

感谢我的两个孩子，喆喆和嘉嘉姐弟二人利用课余时间为本书绘制了所有的手绘插图。让十几岁的他们理解复杂艰深的研究内容，进而转化为一幅幅充满童趣和幽默的画作，是一个艰辛的过程。砥砺前行，皆是成长。

在这里，我要特别感谢我的研究团队，我的姐妹们：曹理达和付静仪。在无数个共同奋战的日日夜夜，我和理达彼此亦师亦友，在打破课程原有逻辑、跳出自己的舒适圈、重新螺旋式梳理并建立韧性飞轮的过程中，理达给到了我无限的鼓励和支持、永续的信任以及充满智慧的挑战。在共同孕育本书的两年中，我们已经高度精神合体，一切尽在不言。我还要感谢全能达人静仪，为本书参考文献的整理、测评问卷的制作、音频的录制贡献了高效的解决方案。她还是我们首个提升韧性的笔记产品——"韧性手册"的项目负责人。

最后，感谢所有专业推荐人、师长和学者朋友的垂青，我常常对此诚惶诚恐，但和团队相互勉励：不违心，有价值。

无论本书能否常伴你的手边，韧性之路，我一直都在，满怀着欢喜与感恩，与你同行。

参考文献

第 1 章 何为韧性，何以坚韧

1. Thomas Friedman. Our new historical divide: B.C. and A.C.— the world before corona and the world after[N/OL].The New York Times. [2020-03-17].https://www.nytimes.com/2020/03/17/opinion/coronavirus-trends.html.
2. 哈佛商业评论. 在病毒面前，焦虑带来的伤害真的不值一提吗？[EB/OL]. [2020-08-24].https://mp.weixin.qq.com/s/ua4bR6pw08-Lzn_Wz8rYJw.
3. ARLINGTON. Diagnostic and statistical manual of mental disorders[M].5th ed. American Psychiatric Publishing. 2013: 21.
4. JORDAN H T, OSAHAN S, LI J, et al. Persistent mental and physical health impact of exposure to the September 11, 2001 World Trade Center terrorist attacks[J]. Environmental health, 2019, 18(1): 1-16.
5. ALISON ABBOTT. COVID's mental-health toll: how scientists are tracking a surge in depression[J/OL]. Nature, 2021, 590: 194-195. https://doi.org/10.1038/d41586-021-00175-z.
6. American Psychological Association. Stress in America™ 2020: a national mental health crisis. [R]. Washington D.C.: APA, 2020.
7. TANAKA T, OKAMOTO S. Increase in suicide following an initial decline during the COVID-19 pandemic in Japan[J/OL]. Nature human behaviour, 2021,

5:(2)229-238 [2021-01-15]. https://doi.org/10.1038/s41562-020-01042-z.
8. TAQUET M, GEDDES J R, HUSAIN M, et al. 6-month neurological and psychiatric outcomes in 236 379 survivors of COVID-19: a retrospective cohort study using electronic health records[J/OL]. The Lancet Psychiatry, 2021,8(5): 416-427. [2021-04-06] .https://doi.org/10.1016/S2215-0366(21)00084-5.
9. 这项研究以新冠肺炎疫情暴发前的抑郁症和焦虑障碍病例情况作为基线数据进行建模，模拟 2019 年未暴发疫情时的患病率，并与 2020 年全球实际患病率进行对比分析，结果显示抑郁症和焦虑障碍的患病率均出现大幅升高的情况。
10. HUANG L, YAO Q, GU X, et al. 1-year outcomes in hospital survivors with COVID-19: a longitudinal cohort study[J/OL]. The Lancet, 2021, 398(10302): 747-758. [2021-08-28].https://www.thelancet.com/journals/lancet/article/PIIS0140-6736(21)01755-4/fulltext.
11. Feeling Blah During the Pandemic? It's Called Languishing. The New York Times[N/OL]. [2020-12-03.] https://www.nytimes.com/2021/04/19/well/mind/covid-mental-health-languishing.html.
12. FREDRICKSON B L, LOSADA M F. Positive affect and complex dynamics of human flourishing[J/OL]. American Psychologist, 2005, 60(7): 678-686. https://psycnet.apa.org/doiLanding?doi=10.1037%2F0003-066X.60.7.678.
13. GRNT A. Feeling blah durirg the pandemic it's called languishing. The New York Times[N/OL]. [2020-12-03].https://www.nytimes.com/2021/04/19/well/mind/covid-mental-health-languishing.html.
14. IACURCI G. 4.3 million people quit their jobs in January as the Great Resignation shows no sign of slowing down[EB/OL].[2022-03-10].https://www.cnbc.com/2022/03/09/the-great-resignation-is-still-in-full-swing.html.
15. American Psychological Association. Building your resilience[EB/OL].(2020-01-01)[2022-02-10].https://www.apa.org/topics/resilience.
16. GARMEZY N. Competence and adaptation in adult schizophrenic patients and children at risk[M].New York: MSS Information, 1973.
17. National Scientific Council on the Developing Child. Supportive relationships and active skill-building strengthen the foundations of resilience: working paper no.13[J/OL]. Center on the Developing Child at Harvard University. https://

developingchild.harvard.edu/resources/supportive-relationships-and-active-skill-building-strengthen-the-foundations-of-resilience/.
18. Posttraumatic Growth Research Group. What is PTG? [EB/OL].[2013-02-14]. https://ptgi.charlotte.edu/what-is-ptg/.
19. GRANT A. Think again: the power of knowing what you don't know[M]. Penguin, 2021.

第 2 章 提升韧性的阻力和原力

1. 村上春树. 舞！舞！舞！[M]. 林少华译. 上海：上海译文出版社，2002.
2. GRANT A. Think again: the power of knowing what you don't know[M]. Penguin, 2021.
3. DUCKWORTH A. Grit: the power of passion and perseverance[M]. New York, NY: Scribner, 2016.
4. HIROTO D S. Locus of control and learned helplessness[J/OL]. Journal of Experimental Psychology, 1974, 102(2): 187.https://doi.org/10.1037/h0035910.
5. RODIN J, LANGER E J. Long-term effects of a control-relevant intervention with the institutionalized aged[J/OL]. Journal of Personality and Social Psychology, 1977, 35(12): 897.https://doi.org/10.1037/0022-3514.35.12.897.
6. SCHULZ R. Effects of control and predictability on the physical and psychological well-being of the institutionalized aged[J/OL]. Journal of Personality and Social Psychology, 1976, 33(5): 563.https://doi.org/10.1037/0022-3514.33.5.563.
7. GLASS D C, REIM B, SINGER J E. Behavioral consequences of adaptation to controllable and uncontrollable noise[J]. Journal of Experimental Social Psychology, 1971, 7(2): 244-257.
8. 谢丽尔·桑德伯格，亚当·格兰特. 另一种选择 [M]. 田蓝，乐怡译. 北京：中信出版社，2017.
9. RAMEY C T, STARR R H, PALLAS J, et al. Nutrition, response-contingent stimulation, and the maternal deprivation syndrome: results of an early intervention program[J/OL]. Merrill-Palmer Quarterly of Behavior and Development, 1975, 21(1): 45-53.http://www.jstor.org/stable/23084585.
10. 罗杰·霍克. 改变心理学的40项研究 [M]. 白学军等译. 北京：人民邮电出

版社, 2010.
11. 马丁·塞利格曼. 活出最乐观的自己 [M]. 洪兰译. 沈阳：万卷出版公司, 2010：28.
12. 里克·汉森, 福里斯特·汉森. 复原力：拥有任何挫折都打不倒的内在力量 [M]. 王毅译. 北京：中信出版社, 2020.
13. AMABILE T, KRAMER S. The progress principle: using small wins to ignite joy, engagement, and creativity at work[M]. Harvard Business Press, 2011.
14. 特蕾莎·阿马比尔, 史蒂文·克雷默. 激发内驱力：以小小成功点燃工作激情与创造力 [M]. 王华译. 北京：电子工业出版社, 2016.
15. 詹姆斯·克利尔. 掌控习惯：如何养成好习惯并戒除坏习惯 [M]. 迩东晨译. 北京：北京联合出版公司, 2019.

第3章 元认知——对认知的认知
1. KRUGER J, DUNNING D. Unskilled and unaware of it: how difficulties in recognizing one's own incompetence lead to inflated self-assessments[J/OL]. Journal of Personality and Social Psychology, 1999, 77(6): 1121. https://doi.org/10.1037/0022-3514.77.6.1121.
2. FLAVELL J H. Metacognitive aspects of problem solving[J]. The Nature of Intelligence, 1976.
3. 丹尼尔·吉尔伯特. 哈佛幸福课 [M]. 张岩, 时宏译. 北京：中信出版社, 2018.
4. HAM C, SEYBERT N, WANG S. Narcissism is a bad sign: CEO signature size, investment, and performance[J/OL]. Review of Accounting Studies, 2018, 23(1): 234-264.https://doi.org/10.1007/s11142-017-9427-x.
5. 海蓝博士. 不完美, 才美 II：情绪决定命运 [M]. 广州：广东人民出版社, 2016：32.
6. SPITZER R L, KROENKE K, WILLIAMS J B W, et al. A brief measure for assessing generalized anxiety disorder: the GAD-7[J/OL]. Archives of Internal Medicine, 2006, 166(10): 1092-1097. https://doi:10.1001/archinte.166.10.1092.
7. 来源同上。
8. GILBERT D. Stumbling on happiness[M]. Vintage Canada, 2007.
9. 珍妮弗·香农. 跳出猴子思维 [M]. 张越译. 上海：上海社会科学院出版社,

2020.
10. 李振纲.生命的哲学：《庄子》文本的另一种解读[M].北京：中华书局，2009.
11. 亚当·格兰特.沃顿商学院最受欢迎的思维课[M].王非，卓海冰译.北京：中信出版社，2018.
12. 阿尔伯特·埃利斯.控制焦虑[M].李卫娟译.北京：机械工业出版社，2014.
13. NEFF K D, KIRKPATRICK K L, RUDE S S. Self-compassion and adaptive psychological functioning[J/OL]. Journal of Research in Personality, 2007, 41(1): 139-154.https://doi.org/10.1016/j.jrp.2006.03.004.
14. GILBERT D. Stumbling on happiness[M]. Vintage Canada, 2007.
15. MCAULIFFE, K. If modern humans are so smart, why are our brains shrinking?[EB/OL].[2011-01-20].https://www.discovermagazine.com/te-sciences/if-modern-humans-are-so-smart-why-are-our-brains-shrinking.
16. LIU D, GU X, ZHU J, et al. Medial prefrontal activity during delay period contributes to learning of a working memory task[J/OL]. Science, 2014, 346(6208): 458-463.https://doi.org/10.1126/science.1256573.
17. GILBERT D. Stumbling on happiness[M]. Vintage Canada, 2007.
18. NobelPrize.Org. The Nobel Prize in Physiology or Medicine 1949[EB/OL].[2022-04-09]. https://www.nobelprize.org/prizes/medicine/1949/summary/.
19. JANSSON B. Controversial psychosurgery resulted in a Nobel Prize[J/OL]. Nobelprize. org, 2007. https://www.nobelprize.org/prizes/medicine/1949/moniz/article/.
20. 里克·汉森，福里斯特·汉森.复原力：拥有任何挫折都打不倒的内在力量[M].王毅译.北京：中信出版社，2020：48.
21. LIM S. Research suggests stress only damages your health if you think it does[EB/OL].[2018-09-16].http://www.businessinsider.com.
22. PETRY N M. Contingency management: what it is and why psychiatrists should want to use it[J/OL]. The Psychiatrist, 2011, 35(5): 161-163. https://doi.org/10.1192/pb.bp.110.031831.
23. 凯利·麦格尼格尔.自控力：斯坦福大学最受欢迎心理学课程[M].王岑卉译.北京：印刷工业出版社，2012.

24. CLOTFELTER C T, COOK P J. The "gambler's fallacy" in lottery play[J/OL]. Management Science, 1993, 39(12): 1521-1525. https://doi.org/10.1287/mnsc.39.12.152.
25. 丹尼尔·吉尔伯特. 哈佛幸福课 [M]. 张岩，时宏译. 北京：中信出版社，2018.
26. 彭凯平. 活出心花怒放的人生：写给中国青年的幸福枕边书 [M]. 北京：中信出版社，2020.
27. KAHNEMAN D, DEATON A. High income improves evaluation of life but not emotional well-being[J/OL]. Proceedings of the National Academy of Sciences, 2010, 107(38): 16489-16493.https://doi.org/10.1073/pnas.1011492107.
28. KILLINGSWORTH M A. Experienced well-being rises with income, even above $75,000 per year[J/OL]. Proceedings of the National Academy of Sciences, 2021, 118(4):e2016976118.https://doi.org/10.1073/pnas.2016976118.
29. PATTERSON J, KIM P. The day America told the truth: what people really believe about everything that really matters[M]. Prentice Hall, 1991.
30. GRANT A. Think again: the power of knowing what you don't know[M]. Penguin, 2021.
31. 阿尔伯特·埃利斯. 控制焦虑 [M]. 李卫娟译. 北京：机械工业出版社，2014.

第 4 章　你为何经历这一切

1. 马丁·塞利格曼. 活出最乐观的自己 [M]. 洪兰译. 沈阳：万卷出版公司，2010：33–50.
2. 来源同上。
3. BROMBERGER J T, MATTHEWS K A. A longitudinal study of the effects of pessimism, trait anxiety, and life stress on depressive symptoms in middle-aged women[J/OL]. Psychology and Aging, 1996, 11(2): 207.https://doi.org/10.1037/0882-7974.11.2.207.
4. 马丁·塞利格曼. 活出最乐观的自己 [M]. 洪兰译. 沈阳：万卷出版公司，2010.
5. SCHEIER M F, CARVER C S. Effects of optimism on psychological and physical well-being: theoretical overview and empirical update[J]. Cognitive

Therapy and Research, 1992, 16(2): 201-228.
6. 马丁·塞利格曼.活出最乐观的自己[M].洪兰译.沈阳：万卷出版公司，2010.
7. NOLEN-HOEKSEMA S. Responses to depression and their effects on the duration of depressive episodes[J]. Journal of Abnormal Psychology, 1991, 100(4): 569.
8. 马丁·塞利格曼.活出最乐观的自己[M].洪兰译.沈阳：万卷出版公司，2010.
9. 洛莉·戈特利布.也许你该找个人聊聊[M].张含笑译.上海：上海文化出版社，2021.
10. 阿尔伯特·埃利斯.控制焦虑[M].李卫娟译.北京：机械工业出版社，2014.
11. ELLIS A. Expanding the ABCs of rational-emotive therapy[M/OL]//Cognition and psychotherapy. Springer, Boston, MA, 1985: 313-323.https://doi.org/10.1007/978-1-4684-7562-3_13.
12. 谢冬冬，杨寅，程临静.新冠疫情期间居家隔离与体育锻炼对心理健康的影响[J].中国临床心理学杂志，2021，29(6)：1343–1347.
13. 赵丽宁，李君轶.疫情期间居住环境对城市居民焦虑情绪的影响[J].浙江大学学报（理学版），2021，48(5)：642–650.
14. 保罗·史托兹.逆商：我们该如何应对坏事件[M].北京：中国人民大学出版社，2019.
15. 马丁·塞利格曼.活出最乐观的自己[M].洪兰译.沈阳：万卷出版公司，2010.
16. HILL P L, ALLEMAND M, ROBERTS B W. Examining the pathways between gratitude and self-rated physical health across adulthood[J/OL]. Personality and Individual Differences, 2013, 54(1): 92-96.https://doi.org/10.1016/j.paid.2012.08.011.
17. RIPPSTEIN-LEUENBERGER K, MAUTHNER O, SEXTON J B, et al. A qualitative analysis of the Three Good Things intervention in healthcare workers[J/OL]. BMJ open, 2017, 7(5): e015826.http://dx.doi.org.proxy.unimib.it/10.1136/bmjopen-2017-015826.
18. 张宏杰.曾国藩的正面与侧面[M].北京：民主与建设出版社，2014.

19. PENNEBAKER J W. Writing about emotional experiences as a therapeutic process[J/OL]. Psychological Science, 1997, 8(3): 162-166.https://doi.org/10.1111/j.1467-9280.1997.tb00403.x.
20. 培根. 新工具 [M]. 许宝骙译. 北京：商务印书馆，1984.
21. KUMAR S, HANCOCK O, COPE T, et al. Misophonia: a disorder of emotion processing of sounds[J/OL]. Journal of Neurology, Neurosurgery & Psychiatry, 2014, 85(8): e3-e3.https://jnnp.bmj.com/content/85/8/e3.32.
22. HENSCH D. Positively resilient: 5 1/2 secrets to beat stress, overcome obstacles, and defeat anxiety [M]. Weiser, 2016.
23. 键山秀三郎. 扫除道 [M]. 陈晓丽译. 北京：企业管理出版社，2018.

第5章 在正念冥想中重新遇见

1. 马丁·塞利格曼. 教出乐观的孩子 [M]. 洪莉译. 沈阳：万卷出版公司，2010.
2. 有田秀穗. 减压脑科学 [M]. 陈梓萱译. 北京：国际文化出版公司，2021.
3. BOURNE E J. The anxiety and phobia workbook[M]. New Harbinger Publications, 2011.
4. ALIDINA S. Mindfulness for dummies[M]. John Wiley & Sons, 2014.
5. GOTTLIEB L. Maybe you should talk to someone: a therapist, her therapist, and our lives revealed[M]. Houghton Mifflin, 2019.
6. KABAT-ZINN J. Wherever you go, there you are: mindfulness meditation in everyday life[M].10th ed. Hachette Books, 2005.
7. DIENSTMANN G. Practical meditation: a simple step-by-step guide[M]. Penguin, 2018.
8. European Values Study. Religion[EB/OL].[2018-01-13].https://europeanvaluesstudy.eu/about-evs/research-topics/religion/.
9. PUDDICOMBE A. The headspace guide to meditation and mindfulness: how mindfulness can change your life in ten minutes a day[M]. St. Martin's Griffin, 2016.
10. 一行禅师. 正念的奇迹 [M]. 丘丽君译. 北京：中央编译出版社，2010.
11. 有田秀穗. 减压脑科学 [M]. 陈梓萱译. 北京：国际文化出版公司，2021.
12. DIENES Z, LUSH P, SEMMENS-WHEELER R, et al. Hypnosis as self-

deception; meditation as self-insight[M]// RAZ A & LIFSHITZ M. Hypnosis and meditation: towards an integrative science of conscious planes. London: Oxford University Press, 2016: 107-125.
13. BERKOWITZ L, LEPAGE A. Weapons as aggression-eliciting stimuli[J/OL]. Journal of Personality and Social Psychology, 1967: 7(2p1), 202-207. https://doi.org/10.1037/h0025008.
14. BRIDGES W. Managing transitions: making the most of change[M]. Da Capo Press, 2009.
15. Duckworth A. Grit: the power of passion and perseverance[M]. New York, NY: Scribner, 2018.

第三部分 韧性飞轮之意义

1. 乔纳森·海特. 象与骑象人 [M]. 李静瑶译. 杭州：浙江人民出版社，2012：237.

第 6 章 专注的热爱

1. WEBER M. Science as a vocation[M]// Gerth H H, Mills C W. From Max Weber: Essays in Sociology. New York: Oxford University Press, 1946: 129-156.
2. 刘擎. 做一个清醒的现代人 [M]. 长沙：湖南文艺出版社，2021：27-28.
3. WALZER M. The communitarian critique of liberalism[J/OL]. Political Theory, 1990, 18(1): 6-23. https://doi.org/10.1177/0090591790018001002.
4. YUKHYMENKO-LESCROART M A, SHARMA G. The relationship between faculty members' passion for work and well-being[J/OL]. Journal of Happiness Studies, 2019, 20(3): 863-881. https://doi.org/10.1007/s10902-018-9977-z.
5. 芭芭拉·奥克利. 跨越式成长：思维转换重塑你的工作和生活 [M]. 汪幼枫译. 北京：机械工业出版社，2020.
6. 斯科特·派克. 少有人走的路 [M]. 于海生译. 长春：吉林文史出版社，2007.
7. 爱德华·L. 德西，理查德·弗拉斯特. 内在动机 [M]. 王正林译. 北京：机械工业出版社，2020.
8. VENKATESH A, EDIRAPPULI S. Social distancing in covid-19: what are the mental health implications? [J/OL]. BMJ. 2020: 369. https://doi.org/10.1136/

bmj.m1379.
9. 亚当·格兰特. 离经叛道：不按常理出牌的人如何改变世界 [M]. 王璐译. 杭州：浙江大学出版社，2016.
10. KALE S. Skin hunger helps explain your desperate longing for human touch[J/OL]. Wired UK, 2020. https://www.wired.co.uk/article/skin-hunger-coronavirus-human-touch.
11. HARLOW H F, DODSWORTH R, HARLOW M K. Total social isolation in monkeys[J/OL]. Proceedings of the National Academy of Sciences. 1965, 54. https://www.ncbi.nlm.nih.gov/pmc/articles/PMC285801/pdf/pnas00159-0105.pdf.
12. MCCABE C, ROLLS E T, BILDERBECK A, et al. Cognitive influences on the affective representation of touch and the sight of touch in the human brain[J/OL]. Social Cognitive and Affective Neuroscience, 2008, 3(2): 97-108. https://doi.org/10.1093/scan/nsn005.
13. SHARIF M A, MOGILNER C, HERSHFIELD H E. Having too little or too much time is linked to lower subjective well-being[J]. Journal of Personality and Social Psychology, 2021, 121(4): 933-947.
14. TONIETTO G N, MALKOC S A, RECZEK R W, et al. Viewing leisure as wasteful undermines enjoyment[J]. Journal of Experimental Social Psychology, 2021, 97: 104198.
15. HELLIWELL J F, LAYARD R, et al. World Happiness Report 2022[R]. New York: Sustainable Development Solutions Network. 2022.
16. DUCKWORTH A. Grit: the power of passion and perseverance[M]. New York, NY: Scribner, 2018.
17. 安杰拉·达克沃思. 坚毅 [M]. 安妮译. 北京：中信出版社，2017.
18. CHEKROUD S R, GUEORGUIEVA R, ZHEUTLIN A B, et al. Association between physical exercise and mental health in 1.2 million individuals in the USA between 2011 and 2015: a cross-sectional study[J/OL]. The Lancet Psychiatry, 2018, 5(9): 739-746. https://doi.org/10.1016/s2215-0366(18)30227-x.
19. 詹姆斯·克利尔. 掌控习惯：如何养成好习惯并戒除坏习惯 [M]. 迩东晨译. 北京：北京联合出版公司，2019.

20. 丹尼尔·利伯曼，迈克尔·E.朗.贪婪的多巴胺[M].郑李垚译.北京：中信出版社，2021.
21. LALLY P, CHIPPERFIELD A, WARDLE J. Healthy habits: efficacy of simple advice on weight control based on a habit-formation model[J/OL]. International Journal of Obesity. 2008, 32(4): 700–707. https://doi.org/10.1038/sj.ijo.0803771.
22. 安德斯·艾利克森，罗伯特·普尔.刻意练习[M].王正林译.北京：机械工业出版社，2016：85-87.

第7章 意义树：连贯目标体系

1. ROBBINS A. Unlimited power: the new science of personal achievement [M]. Free Press,1997.
2. 史蒂芬·柯维.高效能人士的七个习惯[M].高新勇，王亦兵译.北京：中国青年出版社，2015.
3. 韩炳哲.倦怠社会[M].王一力译.北京：中信出版社，2019.
4. ADAMS G S, CONVERSE B A, HALES A H, et al. People systematically overlook subtractive changes[J/OL]. Nature, 2021, 592(7853): 258-261.https://doi.org/10.1038/s41586-021-03380-y.
5. TWENGE J M. More time on technology, less happiness? Associations between digital-media use and psychological well-being[J/OL]. Current Directions in Psychological Science, 2019, 28(4): 372-379.https://doi.org/10.1177/0963721419838244.
6. FANG Y, FORGER D B, FRANK E, et al. Day-to-day variability in sleep parameters and depression risk: a prospective cohort study of training physicians[J/OL]. NPJ Digital Medicine, 2021, 4(1): 1-9.https://doi.org/10.1038/s41746-021-00400-z.
7. 史蒂芬·柯维.高效能人士的七个习惯[M].高新勇，王亦兵译.北京：中国青年出版社，2015.
8. 爱德华·德西，理查德·弗拉斯特.内在动机[M].王正林译.北京：机械工业出版社，2020.
9. 安杰拉·达克沃思.坚毅[M].安妮译.北京：中信出版社，2017.
10. MILYAVSKAYA M, GALLA B M, INZLICHT M, et al. More effort, less fatigue: the role of interest in increasing effort and reducing mental fatigue[J].

Frontiers in Psychology, 2021, 12.
11. 詹姆斯·克利尔.掌控习惯：如何养成好习惯并戒除坏习惯[M].迩东晨译.北京：北京联合出版公司，2019.
12. 珍妮·西格尔.感受爱[M].任楠译.北京：机械工业出版社，2018.
13. 彼得·格鲁克.管理的实践[M].齐若兰译.北京：机械工业出版社，2006.
14. MCLEOD S. Maslow's hierarchy of needs. [J/OL]. Simply Psychology, 2020. https://canadacollege.edu/dreamers/docs/Maslows-Hierarchy-of-Needs.pdf.
15. 青山资本2021年中消费报告.Z世代定义与特征[R/OL][2021-07-14]. https://36kr.com/p/1310331587281670.

第8章　在关系中提升韧性

1. ZEE K S, WEISS D. High-quality relationships strengthen the benefits of a younger subjective age across adulthood[J/OL]. Psychology and Aging, 2019, 34(3): 374.https://doi.org/10.1037/pag0000349.
2. COOLEY C H. Human Nature and the Social Order [M]. New York: Scribner, 1922：352.
3. 贾科莫·里佐拉蒂，安东尼奥·尼奥利.我看见的你就是我自己[M].孙阳雨译.北京：北京联合出版公司，2018.
4. 罗伯特·赖特.洞见：从科学到哲学，打开人类的认知真相[M].宋伟译.北京：北京联合出版公司，2020：211.
5. 罗伯特·赖特.洞见：从科学到哲学，打开人类的认知真相[M].宋伟译.北京：北京联合出版公司，2020.
6. FOWLER J H, CHRISTAKIS N A. Dynamic spread of happiness in a large social network: longitudinal analysis over 20 years in the Framingham Heart Study[J/OL]. BMJ, 2008：337.https://doi.org/10.1136/bmj.a2338.
7. 马丁·塞利格曼.持续的幸福[M].赵显鲲译.杭州：浙江人民出版社，2012.
8. Center on the Developing Child at Harvard University. 8 Things to Remember about Child Development[EB/OL].[2020-10-29].https://developingchild.harvard.edu/resources/8-things-remember-child-development/.
9. 马丁·塞利格曼.持续的幸福[M].赵显鲲译.杭州：浙江人民出版社，2012.

10. ADLER A B, BLIESE P D, BARSADE S G, et al. Hitting the mark: the influence of emotional culture on resilient performance[J]. Journal of Applied Psychology, 2022, 107(2): 319.
11. MAISTER D H, GALFORD R, GREEN C. The trusted advisor[M]. Free Press, 2021.
12. 米哈里·契克森米哈赖. 心流 [M]. 张定绮译. 北京：中信出版社，2017.
13. 丹尼斯·N. T. 珀金斯, 吉莉安·B. 墨菲. 危机领导力：领导团队解决危机的十种方法 [M]. 邓峰译. 北京：中信出版社，2014.
14. KORAN, M. Facebook expects half of employees to work remotely over next five to 10 years[N/OL]. [2020-07-01]. The Guardian. https://www.theguardian.com/technology/2020/may/21/facebook-coronavirus-remote-working-policy-extended-years.
15. 埃伦·亨德里克森. 如何克服社交焦虑 [M]. 冯晓霞译. 北京：中信出版社，2020.
16. Lighthouse Case Studies. Why People Leave Managers, not Companies (and what to do about it)[EB/OL].[2021-12-28].https://getlighthouse.com/blog/people-leave-managers-not-companies/.
17. 彭凯平. 活出心花怒放的人生 [M]. 北京：中信出版社. 2020.
18. GABLE S L, GONZAGA G C, STRACHMAN A. Will you be there for me when things go right? Supportive responses to positive event disclosures[J]. Journal of Personality and Social Psychology, 2006, 91(5): 904.
19. FREDRICKSON B L, LOSADA M F. Positive affect and the complex dynamics of human flourishing[J]. American Psychologist, 2005, 60(7): 678.
20. 丹尼斯·N. T. 珀金斯, 吉莉安·B. 墨菲. 危机领导力：领导团队解决危机的十种方法 [M]. 邓峰译. 北京：中信出版社，2014.
21. GOTTMAN J M, COAN J, CARRERE S, et al. Predicting marital happiness and stability from newlywed interactions[J]. Journal of Marriage and the Family, 1998, 60: 5-22.
22. 辛迪·戴尔. 同理心：做个让人舒服的共情高手 [M]. 镜如译. 北京：台海出版社，2018.
23. The Denver Post. Philanthropy benefits the giver too, with "helper's high" and "giver's glow" [EB/OL].[2013-08-09]. https://www.denverpost.

com/2013/08/09/philanthropy-benefits-the-giver-too-with-helpers-high-and-givers-glow/.
24. SILAPIEJ. Rethinking health: how heart rate variance predicts our health[EB/OL]. (2016-09-22) [2016-10-22]. https://mountainsagemedicine.com/medical-articles/rethinking-health-heart-rate-variance-predicts-health-2/.
25. OMAN D, THORESEN C E, MCMAHON K. Volunteerism and mortality among the community-dwelling elderly[J]. Journal of Health Psychology, 1999, 4(3): 301-316.
26. 苏世民. 苏世民：我的经验与教训 [M]. 赵灿译. 北京：中信出版社，2020.
27. EVERLYGS. "Reciprocal resilience": the unexpected benefit of helping[N/OL].Psychology Today.[2020-10-20].https://www.psychologytoday.com/us/blog/when-disaster-strikes-inside-disaster-psychology/202010/reciprocal-resilience-the-unexpected.
28. 理查德·道金斯. 自私的基因 [M]. 卢允中，张岱云，陈复加等译. 北京：中信出版社，2012.
29. 阿尔弗雷德·阿德勒. 自卑与超越 [M]. 曹晚红译. 北京：中国友谊出版公司，2017.
30. TITOVA L, SHELDON K M. Happiness comes from trying to make others feel good, rather than oneself[J]. The Journal of Positive Psychology, 2021: 1-15.

第 9 章　韧性：从个人到组织

1. 组织韧性的打造：从"共识"到"共情" [EB/OL].[2022-01-18].https://www.hbrchina.org/2022-01-18/8982.html.
2. DENYER D. Organizational Resilience: a summary of academic evidence, business insights and new thinking[J]. BSI and Cranfield School of Management, 2017: 8-25.
3. ADIZES I. Organizational passages—diagnosing and treating lifecycle problems of organizations[J]. Organizational dynamics, 1979, 8(1): 3-25.

第 10 章　写在最后："觉察—意义—连接"的统合

1. 史蒂芬·柯维. 高效能人士的七个习惯 [M]. 高新勇，王亦兵译. 北京：中国青年出版社，2015.

2. 珍妮·西格尔. 感受爱 [M]. 任楠译. 北京：机械工业出版社，2018.
3. 飞机起飞时耗油量是多少？简直不敢相信！[EB/OL]. [2020-07-14]. http://www.360doc.com/content/20/0714/22/65060706_924260124.shtml.
4. MIKICIN M, ORZECHOWSKI G, JUREWICZ K, et al. Brain-training for physical performance: a study of EEG-neurofeedback and alpha relaxation training in athletes[J]. Acta Neurobiologiae Experimentalis, 2015, 75(4): 434-445.
5. 克里斯托弗·安德烈，弗朗索瓦·勒洛尔. 恰如其分的自尊 [M]. 周行译. 北京：生活·读书·新知三联书店，2015.
6. 丹尼斯·N. T. 珀金斯，吉莉安·B. 墨菲. 危机领导力：领导团队解决危机的十种方法 [M]. 邓峰译. 北京：中信出版社，2014.
7. 亚当·格兰特. 离经叛道：不按常理出牌的人如何改变世界 [M]. 王璐译. 杭州：浙江大学出版社，2016.